大数据技术精品系列教材

"1+X"职业技能等级证书配套系列教材

大数据应用开发（Python）

Excel
数据分析基础与实战

Data Analysis with Excel

花强　张良均◎主编

张奥多　邓华丽　赵云龙◎副主编

人民邮电出版社

北　京

图书在版编目（CIP）数据

Excel数据分析基础与实战 / 花强，张良均主编. --
北京 ：人民邮电出版社，2021.8
大数据技术精品系列教材
ISBN 978-7-115-56641-6

Ⅰ．①E… Ⅱ．①花… ②张… Ⅲ．①表处理软件－高
等学校－教材 Ⅳ．①TP391.13

中国版本图书馆CIP数据核字(2021)第109089号

内 容 提 要

本书以任务为导向，全面介绍了数据分析的流程和Excel数据分析的应用，并详细阐述了使用Excel 2016解决企业实际数据分析问题的方法。全书共11章，分为基础部分（第1~6章）和实战部分（第7~11章）。基础部分的内容包括数据分析与Excel 2016概述、外部数据的获取、数据处理、函数的应用、数据透视表和数据透视图、数据分析与可视化；实战部分为新零售智能销售数据分析项目实战，内容包含项目数据处理、商品销售情况分析、商品库存分析、用户行为分析、撰写数据分析报告。本书除第1章外，各章都包含实训和课后习题，通过练习和实践操作，读者可以巩固所学的内容。

本书可用于"1+X"证书制度试点工作中的大数据应用开发（Python）职业技能等级证书教学和培训，也可以作为高校数据分析相关课程的教材和数据分析爱好者的自学用书。

◆ 主　编　花　强　张良均
　　副主编　张奥多　邓华丽　赵云龙
　　责任编辑　初美呈
　　责任印制　王　郁　彭志环
◆ 人民邮电出版社出版发行　　北京市丰台区成寿寺路 11 号
　　邮编　100164　电子邮件　315@ptpress.com.cn
　　网址　https://www.ptpress.com.cn
　　北京市鑫霸印务有限公司印刷
◆ 开本：787×1092　1/16
　　印张：13.75　　　　　　　　　2021 年 8 月第 1 版
　　字数：328 千字　　　　　　　2025 年 1 月北京第 12 次印刷

定价：49.80 元
读者服务热线：(010)81055256　印装质量热线：(010)81055316
反盗版热线：(010)81055315
广告经营许可证：京东市监广登字 20170147 号

序 FOREWORD

随着大数据时代的到来，电子商务、云计算、互联网金融、物联网、虚拟现实、人工智能等不断渗透并重塑传统产业，大数据当之无愧地成为新的产业革命核心，产业的迅速发展使教育系统面临着新的要求与考验。

职业院校作为人才培养的重要载体，肩负着为社会培育人才的重要使命。职业院校做好大数据人才的培养工作，对职业教育向类型教育发展具有重要的意义。2016 年，中华人民共和国教育部（以下简称"教育部"）批准职业院校设立大数据技术与应用专业，各职业院校随即做出反应，目前已经有超过 600 所学校开设了大数据相关专业。2019 年 1 月 24 日，中华人民共和国国务院印发《国家职业教育改革实施方案》，明确提出"经过 5～10 年时间，职业教育基本完成由政府举办为主向政府统筹管理、社会多元办学的格局转变"。从 2019 年开始，教育部等四部门在职业院校、应用型本科高校启动"学历证书+若干职业技能等级证书"制度试点（以下称"1+X"证书制度试点）工作。希望通过试点，深化教师、教材、教法"三教"改革，加快推进职业教育国家"学分银行"和资历框架建设，探索实现书证融通。

为响应"1+X"证书制度试点工作，广东泰迪智能科技股份有限公司联合业内知名企业及高校相关专家，共同制定《大数据应用开发（Python）职业技能等级标准》，并于 2020 年 9 月正式获批。大数据应用开发（Python）职业技能等级证书是以 Python 技术为主线，结合企业大数据应用开发场景制定的人才培养等级评价标准。证书主要面向中等职业院校、高等职业院校和应用型本科院校的大数据、商务数据分析、信息统计、人工智能、软件工程和计算机科学等相关专业，涵盖企业大数据应用中各个环节的关键能力，如数据采集、数据处理、数据分析与挖掘、数据可视化、文本挖掘、深度学习等。

目前，大数据技术相关专业的高校教学体系配置过多地偏向理论教学，课程设置与企业实际应用契合度不高，学生很难把理论转化为实践应用技能。为此，广东泰迪智能科技股份有限公司针对大数据应用开发（Python）职业技能等级证书编写了相关配套教材，希望能有效解决大数据相关专业实践型教材紧缺的问题。

本系列教材的第一大特点是注重学生的实践能力培养，针对高校实践教学中的痛点，首次提出"鱼骨教学法"的概念，携手"泰迪杯"竞赛，以企业真实需求为导向，使学生能紧紧围绕企业实际应用需求来学习技能，将学生需掌握的理论知识通过企业案例的形式进行衔接，达到知行合一、以用促学的目的。这恰与大数据应用开发（Python）职业技能等级证书中对人才的考核要求完全契合，可达到书证融通、赛证融通的目的。第二大特点是以大数据技术应用为核心，紧紧围绕大数据应用闭环的流程进行教学。本系列教材涵盖了企业大数据应用中的各个环节，符合企业大数据应用的真实场景，使学生从宏观上理解大数据技术在企业中的具体应用场景和应用方法。

在深化教师、教材、教法"三教"改革和课证融通、赛证融通的人才培养实践过程中，本系列教材将根据读者的反馈意见和建议及时改进、完善，努力成为大数据时代的新型"编写、使用、反馈"螺旋式上升的系列教材建设样板。

全国工业和信息化职业教育教学指导委员会委员

计算机类专业教学指导委员会副主任委员

"泰迪杯"数据分析职业技能大赛组委会副主任

2020 年 11 月于粤港澳大湾区

前 言 PREFACE

随着大数据时代的来临，数据分析技术将帮助企业用户在合理的时间内获取、整理、处理数据，并对数据进行分析与可视化，为企业经营决策提供帮助。为加快建设网络强国，互联网企业、向互联网转型的政府、企事业单位的基础设施管理和应用软件开发部门等，对数据分析师、数据可视化工程师的需求巨大，有实践经验的数据分析人才更是其争夺的热门。为了满足社会日益增长的数据分析人才需求，很多高校和培训机构开始尝试开设数据分析课程。

本书特色

本书全面贯彻党的二十大精神，以社会主义核心价值观为引领，加强基础研究、发扬斗争精神，为建成教育强国、科技强国、人才强国、文化强国添砖加瓦。本书内容契合"1+X"证书制度试点工作中的大数据应用开发（Python）职业技能初级证书考核标准，全书以任务为导向，结合大量数据分析案例及教学经验，以将 Excel 中常用的数据分析技术与真实案例相结合的方式，由浅入深地介绍了使用 Excel 进行数据获取、整理、处理、分析与可视化的主要方法。每章由学习目标、任务描述、任务分析、小结、实训和课后习题等组成（第 1 章无实训与课后习题），通过学习相关内容和实训，读者可巩固所学的知识，真正理解并能够应用所学知识来解决实际问题。全书大部分内容都紧扣任务需求展开，不一味堆砌知识点，着重于思路的启发与解决方案的实施。通过对从任务需求到实现这一完整工作流程的体验，读者将真正理解与掌握 Excel 数据分析技术。

本书适用对象

- 开设了数据分析相关课程的高校的教师和学生。
- 以 Excel 为生产力工具的人员。
- 对数据分析有兴趣的人员。
- "1+X"证书制度试点工作中的大数据应用开发（Python）职业技能初级证书的考生。

代码下载及问题反馈

为了帮助读者更好地使用本书，泰迪云课堂提供了与本书配套的教学视频。如需获取书中的原始数据文件和程序代码，读者可以从"泰迪杯"数据挖掘挑战赛网站下载，也可登录人民邮电出版社教育社区（www.ryjiaoyu.com）下载。为方便教师授课，本书还提供了 PPT 课件、教学大纲、教学进度表和教案等教学资源，教师可扫码下载申请表，填写后发送至指定邮箱申请所需资料。同时欢迎教师加入 QQ 交流群"人邮大数据教师服务群"（669819871）进行交流与探讨。

  由于编者水平有限，书中难免会出现一些疏漏和不足之处，如果读者有宝贵的意见，欢迎在泰迪学社微信公众号（TipDataMining）回复"图书反馈"进行反馈。更多本系列图书的信息可以在"泰迪杯"数据挖掘挑战赛网站查阅。

编　者

2023 年 5 月

| 泰迪云课堂 | "泰迪杯"数据挖掘
挑战赛网站 | 申请表下载 |

CONTENTS 目录

第①章　数据分析与 Excel 2016 概述

Excel 2016 是常用的数据分析工具之一，它具有制作电子表格、进行各种数据的处理、统计分析数据、制作数据图表等功能。在运用 Excel 2016 对数据进行分析之前，首先需要认识和了解 Excel 2016。本章主要介绍了数据分析的流程与应用场景、Excel 2016 的用户界面，以及 Excel 2016 工作簿、工作表、单元格的基本操作。

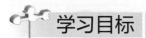 学习目标

（1）了解数据分析的流程。
（2）了解数据分析的应用场景。
（3）认识 Excel 2016 用户界面。
（4）掌握 Excel 2016 工作簿、工作表、单元格的基本操作。

任务 1.1　认识数据分析

任务描述

数据分析作为大数据技术的重要组成部分，近年来随着大数据技术的发展而逐渐成熟。数据分析技能的掌握是一个循序渐进的过程，了解数据分析的流程和应用场景是迈向数据分析的第一步。

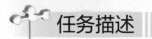 任务分析

（1）了解数据分析的流程。
（2）了解数据分析的应用场景。

1.1.1　了解数据分析的流程

数据分析是指使用适当的方法对收集的数据进行分析，提取数据中有用的信息并形成结论，即对数据加以详细研究和概括总结的过程。

数据分析的一个典型的流程如图 1-1 所示，其内容如表 1-1 所示。

图 1-1　数据分析的流程

表 1-1　数据分析的内容

流程	内容
需求分析	需求分析的主要内容是根据业务、生产和财务等部门的需要，结合现有的数据情况，提出数据的整体分析方向和分析内容
数据获取	数据获取是数据分析工作的基础，是指根据需求分析的结果，提取、收集数据。主要的数据获取方式有两种：获取外部数据与获取本地数据
数据处理	数据处理在 Excel 中是指对数据进行排序、筛选、分类汇总、计数、文字或函数处理等操作，以便于进行数据分析
分析与可视化	分析与可视化主要是指通过对源数据处理得到的各个指标进行分析，发现数据中的规律，并借助图表等可视化的方式直观地展现数据之间的关联信息，使抽象的信息变得更加清晰、具体、易于观察
分析报告	分析报告是以特定的形式把数据分析的过程和结果展示出来，便于需求者了解

1.1.2　了解数据分析的应用场景

企业使用数据分析可以解决不同的问题。数据分析在实际中的应用场景主要分为以下 7 类。

1. 客户分析

客户分析主要是根据客户的基本数据信息进行商业行为分析。首先，界定目标客户，根据客户的需求、目标客户的性质、所处行业的特征和客户的经济状况等基本信息，使用统计分析法和预测验证法分析目标客户，提高销售效率；其次，了解客户的采购过程，对客户采购类型、采购性质进行分类分析，制定不同的营销策略；最后，还可以根据已有的客户特征进行客户特征分析、客户忠诚分析、客户注意力分析、客户营销分析和客户收益率分析。通过有效的客户分析能够掌握客户具体的行为特征，将客户细分，制定最优的运营、营销策略，提升企业整体效益。

2. 营销分析

营销分析主要囊括了产品分析、价格分析、渠道分析、广告与促销分析 4 类。产品分析主要是竞争产品分析，通过对竞争产品的分析制定自身产品的销售策略；价格分析又可以分为成本分析和售价分析，成本分析的目的是降低不必要成本，售价分析的目的是制定符合市场销售的价格；渠道分析是指对产品的销售渠道进行分析，确定最优的渠道配比；广告与促销分析则能够结合客户分析，通过制定运营、营销策略来实现产品销量的提升、利润的增加。

3. 社交媒体分析

社交媒体分析是以不同的社交媒体渠道生成的内容为基础，实现不同社交媒体的用户分析、访问分析和互动分析等。用户分析主要根据用户的注册信息、登录平台的时间点和平时发表的内容等数据，分析用户的个人画像和行为特征；访问分析则是通过用户平时访问的内容分析用户的兴趣和爱好，进而分析潜在的商业价值；互动分析是根据用户所关注对象的行为来预测该对象未来的某些行为特征。同时，社交媒体分析还能为情感和舆情监督提供丰富的资料。

4. 网络安全

大型网络安全事件（如 2017 年 5 月席卷全球的 WannaCry 病毒）的发生，让企业意识到网络被攻击时预先快速识别病毒的重要性。传统的网络安全主要依靠静态防御，处理病毒的主要流程是发现威胁、分析威胁和处理威胁，往往在威胁发生以后才能做出反应。新型的病毒防御系统可使用数据分析技术，建立潜在攻击识别分析模型，监测大量网络活动数据和相应的访问行为，识别可能进行入侵的可疑模式，做到未雨绸缪。

5. 设备管理

设备管理同样是企业关注的重点。设备维修一般采用标准修理法、定期修理法和检查后修理法等方法。其中，标准修理法可能会造成设备过剩修理，修理费用高；定期修理法有利于做好修理前的准备工作，充分使用先进的修理技术，修理费用较少；检查后修理法解决了修理成本问题，但是修理前的准备工作繁多，设备的停歇时间较长。目前企业能够通过物联网技术收集和分析设备的数据流，包括连续用电、零部件温度、环境湿度和污染物颗粒等潜在特征，建立设备管理模型，从而预测设备故障，合理安排预防性的维护，以确保设备正常作业，降低因设备故障带来的安全风险。

6. 交通物流分析

物流是物品从供应地向接收地的实体流动，是将运输、储存、装卸搬运、包装、流通加工、配送和信息处理等功能有机结合起来而实现用户需求的过程。用户可以通过业务系统和全球定位系统（Global Positioning System，GPS）获得数据，企业则可以通过数据构建交通状况预测分析模型，有效地预测实时路况、物流状况、车流量、客流量和货物吞吐量，进而提前补货，制定库存管理策略。

7. 欺诈行为检测

用户身份信息泄露及盗用事件逐年增多，随之带来欺诈行为和交易的不断增多。公安机关、各大金融机构、电信部门可利用用户基本信息、用户交易信息和用户通话（短信）信息等数据，识别可能发生的潜在欺诈交易，做到未雨绸缪。以大型金融机构为例，可以通过分类预测对非法集资和洗钱的逻辑路径进行分析，找到其行为特征。聚类分析方法可以用于分析相似价格样本的运动模式，如对股票进行聚类，可能发现关联交易及内幕交易的可疑信息。关联分析方法可以用于监控多个用户的关联交易行为，为发现跨账号协同的金融诈骗行为提供依据。

任务 1.2　认识 Excel 2016

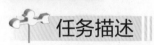 **任务描述**

Excel 2016 是 Microsoft Office 2016 中的一款电子表格制作软件，被广泛用于管理、统计、财经和金融等诸多领域。在使用 Excel 2016 进行数据分析之前，首先需要认识和了解 Excel 2016，包括其用户界面，以及工作簿、工作表和单元格的基本操作等。

任务分析

（1）认识 Excel 2016 用户界面。

（2）掌握工作簿的基本操作。

（3）掌握工作表的基本操作。

（4）掌握单元格的基本操作。

1.2.1　认识 Excel 2016 用户界面

1. 启动 Excel 2016

在 Windows 10 操作系统的计算机中，打开【开始】菜单，找到 Excel 2016 的图标并单击，或双击桌面上的 Excel 2016 图标启动 Excel 2016，打开的用户界面如图 1-2 所示。

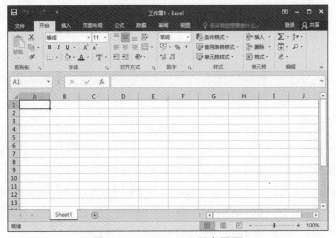

图 1-2　Excel 2016 用户界面

2. Excel 2016 用户界面介绍

Excel 2016 用户界面包括标题栏、功能区、名称框、编辑栏、工作表编辑区和状态栏，如图 1-3 所示。

图 1-3　用户界面的组成

（1）标题栏

标题栏位于应用窗口的顶端，如图 1-4 所示，包括快速访问工具栏、当前文件名、应用程序名称和窗口控制按钮。

图 1-4 标题栏

在图 1-4 中，1 为快速访问工具栏，2 为当前文件名，3 为应用程序名称，4 为窗口控制按钮。

快速访问工具栏可以用于快速运行【保存】【撤销】【恢复】等命令。如果快速访问工具栏中没有所需的命令，那么可以单击快速访问工具栏的 ▼ 按钮，选择需要添加的命令，如图 1-5 所示。

图 1-5 添加命令

（2）功能区

标题栏的下方是功能区，如图 1-6 所示，由【开始】【插入】【页面布局】等选项卡组成，每个选项卡又可以分成不同的命令组，如【开始】选项卡由【剪贴板】【字体】【对齐方式】等命令组组成，每个命令组又包含了不同的命令按钮。

图 1-6 功能区

在图 1-6 中，1 为选项卡，2 为命令组。

（3）名称框和编辑栏

功能区的下方是名称框和编辑栏，如图 1-7 所示。其中，名称框可以显示当前活动单元格的地址和名称，编辑栏可以显示当前活动单元格中的数据或公式。

图 1-7 名称框和编辑栏

在图 1-7 中，1 为名称框，2 为编辑栏。

（4）工作表编辑区

名称框和编辑栏的下方是工作表编辑区，如图 1-8 所示。其由文档窗口、标签滚动按钮、工作表标签、水平滚动滑条和垂直滚动滑条组成。

在图 1-8 中，1 为标签滚动按钮，2 为工作表标签，3 为水平滚动滑条，4 为垂直滚动滑条。

图 1-8　工作表编辑区

（5）状态栏

状态栏位于用户界面底部，如图 1-9 所示。其由视图按钮和缩放模块组成，用来显示与当前操作相关的信息。

图 1-9　状态栏

在图 1-9 中，1 为视图按钮，2 为缩放模块。

3. 关闭 Excel 2016

单击窗口控制按钮中的【关闭】按钮，如图 1-10 所示，或按组合键【Alt+F4】即可关闭 Excel 2016。

图 1-10　关闭 Excel 2016

1.2.2　工作簿、工作表和单元格的基本操作

1. 工作簿的基本操作

（1）创建工作簿

打开【文件】菜单，依次选择【新建】命令和【空白工作簿】即可创建工作簿，如图 1-11 所示。也可以按组合键【Ctrl+N】快速创建空白工作簿。

（2）保存工作簿

单击快速访问工具栏的【保存】按钮即可保存工作簿，即图 1-12 左上角的第 1 个按钮。也可以按组合键【Ctrl+S】快速保存工作簿。

图 1-11　创建工作簿

图 1-12　保存工作簿

（3）打开和关闭工作簿

打开【文件】菜单，选择【打开】命令，或者按组合键【Ctrl+O】打开图 1-13 所示的界面，在其中选择一个工作簿打开即可。

图 1-13　打开工作簿

打开【文件】菜单，选择【关闭】命令即可关闭工作簿，如图 1-14 所示。也可以按组合键【Ctrl+W】关闭工作簿。

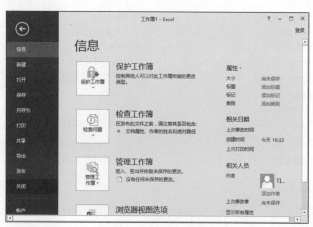

图 1-14　关闭工作簿

2．工作表的基本操作

（1）插入工作表

在 Excel 中插入工作表有多种方法，以下介绍两种常用的方法插入工作表。

① 以【Sheet1】工作表为例，单击工作表编辑区的 ⊕ 按钮即可在现有工作表的末尾插入一个新的工作表【Sheet2】，如图 1-15 所示。

② 以【Sheet1】工作表为例，右键单击【Sheet1】标签，在打开的快捷菜单中选择【插入】命令，如图 1-16 所示，打开【插入】对话框，最后单击【确定】按钮即可在现有工作表之前插入一个新的工作表【Sheet3】；也可以按组合键【Shift+F11】在现有的工作表之前插入一个新的工作表。

图 1-15 插入工作表方法（1）

图 1-16 插入工作表方法（2）

（2）重命名工作表

以【Sheet1】工作表为例，右键单击【Sheet1】标签，在打开的快捷菜单中选择【重命名】命令，然后输入新的名字即可重命名工作表，如图 1-17 所示。

（3）设置工作表标签颜色

以【Sheet1】标签为例，右键单击【Sheet1】标签，在打开的快捷菜单中选择【工作表标签颜色】命令，再选择新的颜色即可设置工作表标签颜色，如图 1-18 所示。

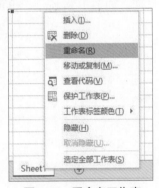

图 1-17 重命名工作表

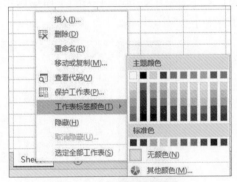

图 1-18 设置标签颜色

（4）移动或复制工作表

以【Sheet1】工作表为例，单击【Sheet1】标签不放，向左或右拖曳工作表标签到新的位置即可移动工作表。

以【Sheet1】工作表为例，右键单击【Sheet1】标签，在打开的快捷菜单中选择【移动或复制】命令，打开【移动或复制工作表】对话框，选中【Sheet1】选项，勾选【建立副本】复选框，如图 1-19 所示，最后单击【确定】按钮即可复制工作表。

（5）隐藏和显示工作表

以【Sheet1】工作表为例，右键单击【Sheet1】标签，在打开的快捷菜单中选择【隐藏】命令，即可隐藏【Sheet1】工作表（注意，只有一个工作表时不能隐藏工作表），如图 1-20 所示。

若要显示隐藏的【Sheet1】工作表，则右键单击任意工作表标签，在打开的快捷菜单中选择【取消隐藏】命令，打开【取消隐藏】对话框，然后选中【Sheet1】选项，如图 1-21 所示，单击【确定】按钮，即可显示之前隐藏的工作表【Sheet1】。

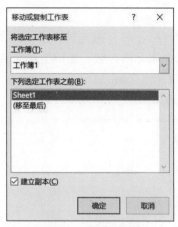

图 1-19　复制工作表

图 1-20　隐藏工作表

（6）删除工作表

以【Sheet1】工作表为例，右键单击【Sheet1】标签，在打开的快捷菜单中选择【删除】命令，即可删除工作表，如图 1-22 所示。

图 1-21　显示工作表

图 1-22　删除工作表

3. 单元格的基本操作

（1）选中单元格

单击某单元格可以选中该单元格，如单击单元格 A1 即可选中 A1 单元格，此时名称框会显示当前选中的单元格地址为 A1，如图 1-23 所示。也可以在名称框中输入单元格的地址来选中单元格，如在名称框中输入"A1"后按【Enter】键即可选中单元格 A1。

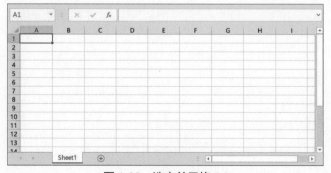

图 1-23　选中单元格 A1

（2）选中单元格区域

单击要选中的单元格区域左上角的第一个单元格不放，拖曳鼠标指针到要选中的单元格区域右下方最后一个单元格，松开鼠标即可选中单元格区域。如单击单元格 A1 不放，拖曳鼠标指针到单元格 D6，松开鼠标即可选中单元格区域 A1:D6，如图 1-24 所示。也可以在名称框中输入"A1:D6"来选中该单元格区域。

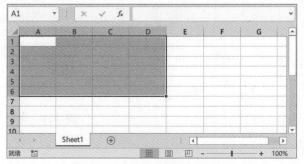

图 1-24　选中单元格区域 A1:D6

如果工作表中的数据太多，还可以通过按组合键的方式快速批量选中单元格区域。按组合键【Ctrl+Shift+方向】，按哪个方向键，被选中的单元格或单元格区域沿该方向的数据就会被全部选中，直到遇到空白单元格。

小结

本章介绍了数据分析的流程和应用场景，还简单介绍了制作电子表格的软件 Excel 2016，包括 Excel 2016 的启动方式、用户界面和关闭方式，以及工作簿、工作表、单元格的基本操作。

第 ❷ 章　外部数据的获取

数据获取是指根据数据分析的需求获取相关原始数据的过程。有些原始数据需要通过相关操作才能够获取。本章主要介绍在 Excel 2016 中获取文本数据和 MySQL 数据库中数据的方法。

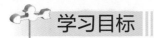

（1）了解常用的文本数据格式的类型。
（2）掌握文本数据的获取方法。
（3）掌握 MySQL 数据源的新建与连接的操作方法。
（4）掌握在 Excel 2016 中导入 MySQL 数据库中数据的方法。

任务 **2.1**　获取文本数据

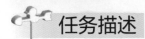

常见的文本数据的格式为 TXT 和 CSV。下面就以"客户信息.txt"数据和"客户信息.csv"数据为例，介绍在 Excel 2016 中获取文本数据的方法。

任务分析

（1）导入"客户信息.txt"数据。
（2）导入"客户信息.csv"数据。

2.1.1　获取 TXT 文本数据

在 Excel 2016 中导入"客户信息.txt"数据的具体操作步骤如下。

（1）打开【导入文本文件】对话框。新建一个空白工作簿，在【数据】选项卡的【获取外部数据】命令组中单击【自文本】按钮，如图 2-1 所示，打开【导入文本文件】对话框。

图 2-1　【自文本】按钮

（2）选择要导入数据的 TXT 文件。在【导入文本文件】对话框中，选择"客户信息.txt"文件，如图 2-2 所示，单击【导入】按钮，打开【文本导入向导-第 1 步，共 3 步】对话框。

图 2-2　【导入文本文件】对话框（1）

（3）选择最合适的数据类型。在【文本导入向导-第 1 步，共 3 步】对话框中，已默认选中【分隔符号】单选按钮，如图 2-3 所示，单击【下一步】按钮，打开【文本导入向导-第 2 步，共 3 步】对话框。

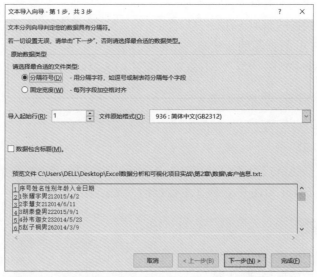

图 2-3　【文本导入向导-第 1 步，共 3 步】对话框（1）

（4）选择合适的分隔符号。在【文本导入向导-第 2 步，共 3 步】对话框中，勾选【Tab键】、【空格】复选框系统会自动勾选【连续分隔符号视为单个处理(R)】，如图 2-4 所示，然后单击【下一步】按钮，打开【文本导入向导-第 3 步，共 3 步】对话框。

（5）选择数据格式。在【文本导入向导-第 3 步，共 3 步】对话框中，已默认选中【常规】单选按钮，如图 2-5 所示。

（6）设置数据的放置位置并确定导入数据。单击【完成】按钮，在打开的【导入数据】对话框中已默认选中【现有工作表】单选按钮，然后单击 ⬆ 按钮，选中单元格 A1，再单击 ▥ 按钮，此时对话框如图 2-6 所示，最后单击【确定】按钮。

导入数据后，Excel 2016 会将导入的数据作为外部数据区域，当原始数据有改动时，可以单击【连接】命令组的【全部刷新】按钮刷新数据，此时 Excel 2016 中的数据会变成改动后的原始数据。

图2-4　【文本导入向导-第2步，共3步】对话框（1）

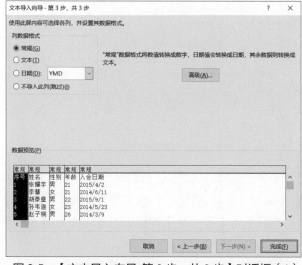

图2-5　【文本导入向导-第3步，共3步】对话框（1）

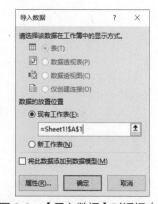

图2-6　【导入数据】对话框（1）

2.1.2　获取 CSV 文本数据

在 Excel 2016 中导入 CSV 文本数据的操作步骤与导入 TXT 文本数据的操作步骤类似，导入"客户信息.csv"数据的具体操作步骤如下。

（1）打开【导入文本文件】对话框。新建一个空白工作簿，在【数据】选项卡的【获取外部数据】命令组中单击【自文本】按钮，打开【导入文本文件】对话框。

（2）选择要导入数据的 CSV 文件。在【导入文本文件】对话框中，选择"客户信息.csv"文件，如图 2-7 所示，单击【导入】按钮，打开【文本导入向导-第1步，共3步】对话框。

（3）选择最合适的数据类型。在【文本导入向导-第1步，共3步】对话框中，已默认选中【分隔符号】单选按钮，如图 2-8 所示，单击【下一步】按钮，打开【文本导入向导-第2步，共3步】对话框。

图 2-7　【导入文本文件】对话框（2）

图 2-8　【文本导入向导-第 1 步，共 3 步】对话框（2）

（4）选择合适的分隔符号。在【文本导入向导-第 2 步，共 3 步】对话框中，勾选【Tab 键】【逗号】复选框，如图 2-9 所示，然后单击【下一步】按钮，打开【文本导入向导-第 3 步，共 3 步】对话框。

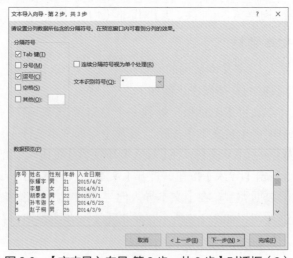

图 2-9　【文本导入向导-第 2 步，共 3 步】对话框（2）

（5）选择数据格式。在【文本导入向导-第3步，共3步】对话框中，已默认选中【常规】单选按钮，如图2-10所示。

（6）设置数据的放置位置并确定导入数据。单击【完成】按钮，在打开的【导入数据】对话框中已默认选中【现有工作表】单选按钮，然后单击 ⬆ 按钮，选中单元格A1，再单击 ⬇ 按钮，此时对话框如图2-11所示，最后单击【确定】按钮。

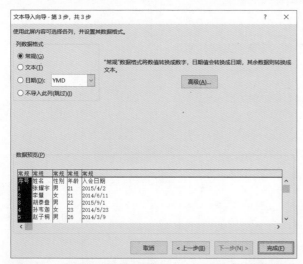

图2-10 【文本导入向导-第3步，共3步】对话框（2）

图2-11 【导入数据】对话框（2）

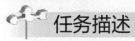 **获取 MySQL 数据库中的数据**

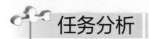 **任务描述**

Excel 2016可以获取外部数据库中的数据，如MySQL、Access等，但在此之前需新建数据源并进行连接。以MySQL数据库为例，会员信息存在"data"数据库的"info"表中，需要新建与连接一个MySQL数据源，而后在Excel 2016中导入"info"表中的数据。

任务分析

（1）新建与连接MySQL数据源。

（2）导入"info"表中的数据。

2.2.1 新建与连接 MySQL 数据源

新建与连接MySQL数据源的具体操作步骤如下。

（1）打开【ODBC数据源管理程序(64位)】对话框。在计算机【开始】菜单中打开【控制面板】窗口，依次选择【系统和安全】→【管理工具】，打开【管理工具】窗口，如图2-12所示。然后双击【ODBC数据源(64位)】程序，打开【ODBC数据源管理程序(64位)】对话框，如图2-13所示。

如果是64位操作系统的计算机，那么选择【ODBC数据源(32位)】或【ODBC数据源(64位)】程序都可以。如果是32位操作系统的计算机，那么只能选择【ODBC数据源(32位)】程序。

图 2-12　【管理工具】窗口

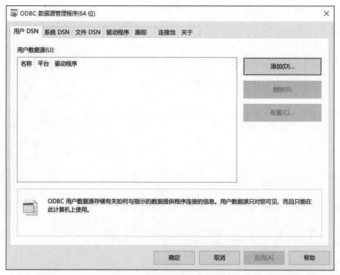

图 2-13　【ODBC 数据源管理程序(64 位)】对话框

（2）打开【创建新数据源】对话框。在【ODBC 数据源管理程序(64 位)】对话框中单击【添加】按钮，打开【创建新数据源】对话框，如图 2-14 所示。

图 2-14　【创建新数据源】对话框

（3）打开【MySQL Connector/ODBC Data Source Configuration】对话框。在【创建新数据源】对话框中，选择【选择您想为其安装数据源的驱动程序】列表框中的【MySQL ODBC 8.0 Unicode Driver】，然后单击【完成】按钮，打开【MySQL Connector/ODBC Data Source Configuration】对话框，如图 2-15 所示，其中每个英文名词的解释如下。

① "Data Source Name" 是数据源名称，在【Data Source Name】文本框中可输入自定义的名称。

② "Description" 是描述，在【Description】文本框中可输入对数据源的描述。

③ "TCP/IP Server" 是 TCP/IP 服务器，如果数据库在本机，就在【TCP/IP Server】文本框中输入 "localhost"（本机）；如果数据库不在本机，就输入数据库所在的 IP。

④ "User" 和 "Password" 分别为用户名和密码，在下载 MySQL 时自定义设置。

⑤ "Database" 是数据库，在【Database】下拉列表框中可选择需连接的数据库。

（4）设置参数。在【MySQL Connector/ODBC Data Source Configuration】对话框的【Data Source Name】文本框中输入 "会员信息"，在【Description】文本框中输入 "某餐饮企业的会员信息"，在【TCP/IP Server】文本框中输入 "localhost"，在【User】文本框中输入用户名，在【Password】文本框中输入密码，在【Database】下拉列表框中选择【data】数据库，如图 2-16 所示。

图 2-15 【MySQL Connector/ODBC Data Source Configuration】对话框

图 2-16 设置参数

（5）测速连接。单击【Test】按钮，打开【Test Result】对话框，若显示【Connection Successful】则说明连接成功，如图 2-17 所示。然后单击【确定】按钮返回【MySQL Connector/ODBC Data Source Configuration】对话框。

（6）确定添加数据源。单击【OK】按钮，返回【ODBC 数据源管理程序(64 位)】对话框，如图 2-18 所示，然后单击【确定】按钮即可添加数据源。

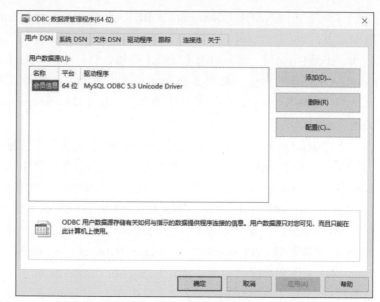

图 2-17　【Test Result】对话框　　　图 2-18　返回【ODBC 数据源管理程序(64 位)】对话框

2.2.2　导入 MySQL 数据库中的数据

在 Excel 2016 中导入 MySQL 数据库中的数据，具体的操作步骤如下。

（1）打开【数据连接向导-欢迎使用数据连接向导】对话框。创建一个空白工作簿，在【数据】选项卡的【获取外部数据】命令组中单击【自其他来源】按钮，在打开的下拉菜单中选择【来自数据连接向导】命令，如图 2-19 所示，打开【数据连接向导-欢迎使用数据连接向导】对话框，如图 2-20 所示。

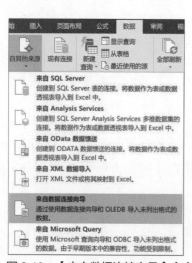

图 2-19　【来自数据连接向导】命令　　图 2-20　【数据连接向导-欢迎使用数据连接向导】对话框

（2）选择要连接的数据源。在【数据连接向导-欢迎使用数据连接向导】对话框的【您想要连接哪种数据源】列表框中选择【ODBC DSN】，然后单击【下一步】按钮，打开【数据连接向导-连接 ODBC 数据源】对话框，如图 2-21 所示。

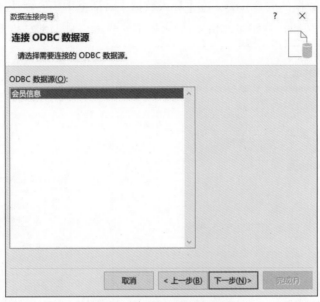

图 2-21　连接 ODBC 数据源

（3）选择要连接的 ODBC 数据源。在【数据连接向导-连接 ODBC 数据源】对话框的
【ODBC 数据源】列表框中选择【会员信息】，然后单击【下一步】按钮，打开【数据连接
向导-选择数据库和表】对话框，如图 2-22 所示。

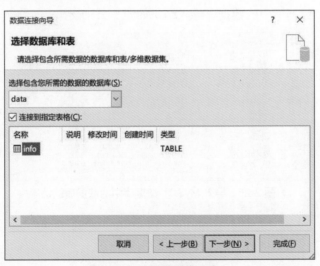

图 2-22　选择数据库和表

（4）选择包含所需数据的数据库和表。在【数据连接向导-选择数据库和表】对话框的
【选择包含您所需的数据的数据库】下单击 按钮，在打开的下拉列表框中选择【data】数
据库，再在【连接到指定表格】列表框中选择【info】，然后单击【下一步】按钮，打开【数
据连接向导-保存数据连接文件并完成】对话框，如图 2-23 所示。

（5）保存数据连接文件。在【数据连接向导-保存数据连接文件并完成】对话框中，默

认文件名为 "data info.odc"，单击【完成】按钮，打开【导入数据】对话框。

（6）设置导入数据的放置位置。在【导入数据】对话框中，已默认选中【现有工作表】单选按钮，单击 ⬆ 按钮，选中单元格 A1，再单击 ⬇ 按钮，此时对话框如图 2-24 所示。

图 2-23　保存数据连接文件并完成　　　　图 2-24　设置导入数据的放置位置

（7）确定导入 MySQL 数据库中的数据。在【导入数据】对话框中单击【确定】按钮即可导入 MySQL 数据库中的数据，导入结果如图 2-25 所示。

图 2-25　导入 MySQL 数据库中的数据后的结果

小结

本章介绍了在 Excel 中获取文本数据的方法，包括获取 TXT 文本数据和 CSV 文本数据。此外，还介绍了在 Excel 中获取 MySQL 数据库中数据的方法，包括新建与连接 MySQL 数据源和导入 MySQL 数据库中的数据。

实训　获取 MySQL 数据库中的数据

1. 训练要点

（1）掌握 MySQL 数据库的新建操作方法。

（2）掌握导入 MySQL 数据库中的数据的操作步骤。

2．需求说明

为了查看某自助便利店销售业绩数据信息，需要将 MySQL 数据库中的"sales"数据导入 Excel 2016 中。

3．实现思路及步骤

（1）新建 MySQL 数据源。

（2）导入 MySQL 数据库中的"sales"数据。

课后习题

现有某商场超市的【超市商品销售数据】工作簿，其字段说明如表 2-1 所示。为了对超市接下来的运营提出建议，需要查看本超市的商品销售数据情况并进行分析。现要求将超市商品销售数据导入 Excel 2016 中。

表 2-1　超市商品销售数据字段说明

字段名	示例	字段名	示例
顾客编号	0	大类编码	12
大类名称	蔬果	中类编码	1201
中类名称	蔬菜	小类编码	120109
小类名称	其他蔬菜	销售日期	2015-01-01
销售月份	1	商品编码	DW-1201090311
规格型号	散称	商品类型	生鲜
单位	个	销售数量	8
销售金额	16	商品单价	2
是否促销	否		

第③章 数据处理

数据处理可以从大量、杂乱无章的数据中抽取出对于某些特定的人来说具有一定价值和意义的数据。本章主要介绍在 Excel 2016 中，通过对数据进行排序、筛选和分类汇总等操作获取所需的数据信息的方法。

学习目标

（1）掌握排序的基本操作方法。
（2）掌握筛选的基本操作方法。
（3）掌握分类汇总的基本操作方法。

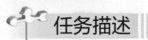

任务描述

在 Excel 中，编辑的数据一般会有特定的顺序，当查看这些数据的角度发生变化时，为了方便查看，常常会对编辑的数据进行排序。在【订单信息】工作表中，为了方便查看每个会员的订单数据，需要根据会员名进行升序排序；为了方便查看每个会员消费的店铺，需要再根据店铺名进行降序排序；为了方便查看各店铺的所在地，需要根据店铺所在地进行自定义排序。

任务分析

（1）根据会员名进行升序排序。
（2）根据会员名进行升序排序，再根据店铺名进行降序排序。
（3）根据店铺所在地进行自定义排序。

3.1.1 根据单个关键字排序

在【订单信息】工作表中根据会员名进行升序排序的方法有两种。第一种升序排序方法的具体操作步骤如下。

（1）选中单元格区域。在【订单信息】工作表中，选中单元格区域 B 列，如图 3-1 所示。

（2）打开【排序】对话框。在【数据】选项卡的【排序和筛选】命令组中单击【排序】按钮，如图 3-2 所示，打开【排序提醒】对话框，如图 3-3 所示，再单击【排序】按钮，打开【排序】对话框。

图 3-1 选中单元格区域 B 列

图 3-2 单击【排序】按钮

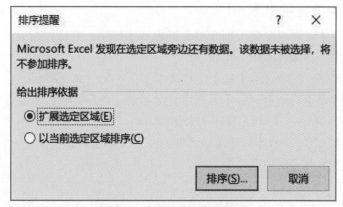

图 3-3 【排序提醒】对话框

（3）设置主要关键字。在【排序】对话框的【主要关键字】栏的第一个列表框中单击 ⌄ 按钮，在打开的下拉列表框中选择【会员名】，如图 3-4 所示。

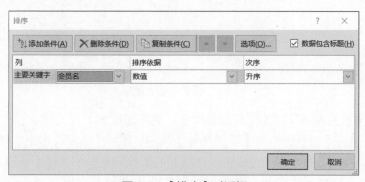

图 3-4 【排序】对话框

（4）确定升序设置。单击【排序】对话框中的【确定】按钮即可根据会员名进行升序排序，效果如图 3-5 所示。

图 3-5　根据单个关键字排序的效果

第二种升序排序方法快捷、简便，具体操作步骤如下。

（1）选中单元格。在【订单信息】工作表中，选中"会员名"字段下面任一非空单元格，如单元格 B3。

（2）设置升序。在【数据】选项卡的【排序和筛选】命令组中，单击 $\stackrel{A}{Z}\downarrow$ 按钮即可根据会员名进行升序排序。

3.1.2　根据多个关键字排序

在【订单信息】工作表中先根据会员名进行升序排序，再将相同会员名的订单根据店铺名进行降序排序，具体的操作步骤如下。

（1）选中单元格。在【订单信息】工作表中，选中任一非空单元格。

（2）打开【排序】对话框。在【数据】选项卡的【排序和筛选】命令组中，单击【排序】按钮，如图 3-2 所示，打开【排序】对话框。

（3）设置主要关键字。在【排序】对话框的【主要关键字】栏的第一个列表框中单击 按钮，在打开的下拉列表框中选择【会员名】，如图 3-6 所示。

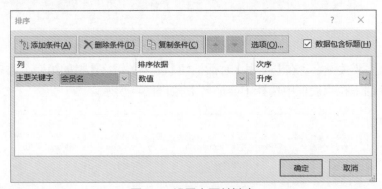

图 3-6　设置主要关键字

（4）设置次要关键字及其排序依据和次序，具体操作如下。

① 单击【排序】对话框中的【添加条件】按钮，添加【次要关键字】栏，在【次要关键字】栏的第一个列表框中单击 按钮，在打开的下拉列表框中选择【店铺名】。

② 在第二个列表框中单击 按钮，在打开的下拉列表框中选择【降序】，如图 3-7 所示。

（5）确定多个排序的设置。单击【排序】对话框中的【确定】按钮即可先根据会员名进行升序排序，再将相同会员名的订单根据店铺名进行降序排序，效果如图 3-8 所示。

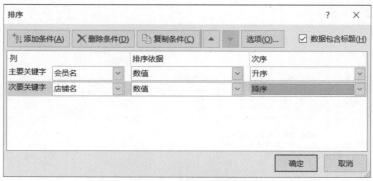

图 3-7　设置次要关键字

	A	B	C	D	E	F	G
1	订单号	会员名	店铺名	店铺所在地	消费金额	是否结算	结算时间
2	201608020688	艾少雄	私房小站（越秀分店）	广州	332	1	2016/8/2 21:18
3	201608061082	艾少雄	私房小站（天河分店）	广州	458	1	2016/8/6 20:41
4	201608201161	艾少雄	私房小站（福田分店）	深圳	148	1	2016/8/20 18:34
5	201608220499	艾少雄	私房小站（禅城分店）	佛山	337	1	2016/8/22 22:08
6	201608010486	艾文茜	私房小站（天河分店）	广州	443	1	2016/8/1 20:36
7	201608250518	艾文茜	私房小站（天河分店）	广州	594	1	2016/8/25 20:09
8	201608150766	艾文茜	私房小站（福田分店）	深圳	702	1	2016/8/15 21:42
9	201608061278	艾小金	私房小站（越秀分店）	广州	185	1	2016/8/6 20:42
10	201608141143	艾小金	私房小站（天河分店）	广州	199	1	2016/8/14 22:09

图 3-8　根据多个关键字排序的效果

3.1.3　自定义排序

在【订单信息】工作表中根据店铺所在地进行自定义排序的具体操作步骤如下。

（1）创建一个自定义序列为"珠海,深圳,佛山,广州"。

（2）选中单元格。在【订单信息】工作表中，选中任一非空单元格。

（3）打开【排序】对话框。在【数据】选项卡的【排序和筛选】命令组中单击【排序】按钮，打开【排序】对话框。

（4）设置主要关键字及其次序，具体操作步骤如下。

① 在【排序】对话框的【主要关键字】栏的第一个列表框中单击 按钮，在打开的下拉列表框中选择【店铺所在地】。

② 在第二个列表框中单击 按钮，在打开的下拉列表框中选择【自定义序列】，如图3-9所示，打开【自定义序列】对话框。

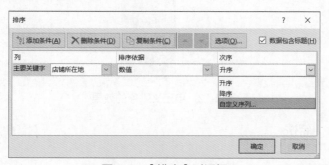

图 3-9　【排序】对话框

（5）选择自定义序列。在【自定义序列】对话框的【自定义序列】列表框中选择自定义序列【珠海,深圳,佛山,广州】，如图3-10所示，然后单击【确定】按钮，返回【排序】对话框，如图 3-11 所示。

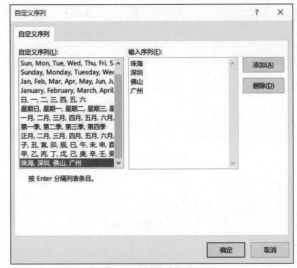

图 3-10　选择自定义序列

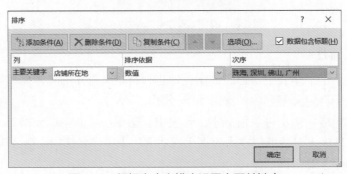

图 3-11　根据自定义排序设置主要关键字

（6）确定自定义排序设置。单击【排序】对话框中的【确定】按钮即可根据店铺所在地进行自定义排序，效果如图 3-12 所示。

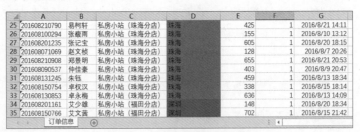

图 3-12　自定义排序的效果

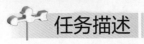 筛选

任务描述

筛选是一种可快速查找出目标数据的方法，因此在面对大量的数据时，可通过筛选找出所需数据。为了筛选指定内容的店铺所在地、会员名，以及店铺所在地和消费金额两者

的结合，需要在【订单信息】工作表中，分别根据颜色筛选出店铺所在地为"珠海"的数据；会员名为"张大鹏"和"李小东"的数据；店铺所在地为"深圳"且消费金额大于 1200元的数据；店铺所在地为"深圳"或消费金额大于 1200 元的数据。

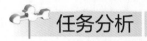 **任务分析**

（1）在"店铺所在地"字段中筛选出店铺所在地为"珠海"（单元格颜色为蓝色）的数据。

（2）筛选出会员名为"张大鹏"和"李小东"的数据。

（3）筛选出店铺所在地为"深圳"且消费金额大于 1200 元的数据。

（4）筛选出店铺所在地为"深圳"或消费金额大于 1200 元的数据。

3.2.1　根据颜色筛选

在【订单信息】工作表中筛选出店铺所在地为"珠海"（单元格颜色为蓝色）的数据，具体的操作步骤如下。

（1）选中单元格。在【订单信息】工作表中，选中任一非空单元格。

（2）单击【筛选】按钮。在【数据】选项卡的【排序和筛选】命令组中单击【筛选】按钮，此时【订单信息】工作表的字段名旁边都会显示一个下拉按钮，如图 3-13 所示。

图 3-13　【筛选】按钮

（3）设置筛选条件并确定。单击"店铺所在地"字段旁的下拉按钮，在打开的下拉列表框中选择【按颜色筛选】选项，如图 3-14 所示，然后选择蓝色选项即可筛选出店铺所在地为"珠海"（单元格颜色为蓝色）的数据，效果如图 3-15 所示。

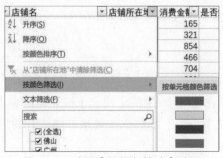

图 3-14　选择【按颜色筛选】选项

Excel 数据分析基础与实战

图 3-15　根据颜色筛选的效果

3.2.2　自定义筛选

在【订单信息】工作表中筛选出会员名为"张大鹏"和"李小东"的数据，具体的操作步骤如下。

（1）选中单元格。在【订单信息】工作表中，选中任一非空单元格。

（2）打开【自定义自动筛选方式】对话框。在【数据】选项卡的【排序和筛选】命令组中单击【筛选】按钮，再单击"会员名"字段旁的下拉按钮，然后依次选择【文本筛选】→【自定义筛选】选项，如图 3-16 所示，打开【自定义自动筛选方式】对话框。

（3）设置自定义筛选条件，具体操作如下，条件的设置如图 3-17 所示。

① 在第一个条件设置中，单击第一个 ∨ 按钮，在打开的下拉列表框中选择【等于】，在旁边的文本框中输入"张大鹏"。

② 选中【或】单选按钮。

③ 在第二个条件设置中，单击第一个 ∨ 按钮，在打开的下拉列表框中选择【等于】，在旁边的文本框中输入"李小东"。

图 3-16　选择【自定义筛选】选项

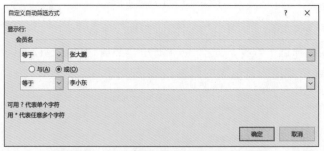

图 3-17　【自定义自动筛选方式】对话框

（4）确定筛选设置。单击图 3-17 中的【确定】按钮即可在【订单信息】工作表中筛选出会员名为"张大鹏"和"李小东"的数据，效果如图 3-18 所示。

图 3-18　自定义筛选的效果

3.2.3　根据高级条件筛选

1. 同时满足多个条件的筛选

在【订单信息】工作表中筛选出店铺所在地为"深圳"且消费金额大于 1200 元的数据，具体的操作步骤如下。

（1）新建一个工作表并输入筛选条件。在【订单信息】工作表旁创建一个新的工作表【Sheet1】，在【Sheet1】工作表的单元格区域 A1:B2 中建立条件区域，如图 3-19 所示。

（2）打开【高级筛选】对话框。在【订单信息】工作表中单击任一非空单元格，再在【数据】选项卡的【排序和筛选】命令组中单击【高级】按钮，打开【高级筛选】对话框，如图 3-20 所示。

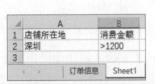

图 3-19　同时满足多个条件的条件区域设置　　　图 3-20　【高级筛选】对话框

（3）选择列表区域。单击【高级筛选】对话框中【列表区域】文本框右侧的 ⬆ 按钮，打开【高级筛选-列表区域:】对话框，然后选择【订单信息】工作表的单元格区域 A 列到 G 列，此时对话框如图 3-21 所示，最后单击 ⬇ 按钮返回【高级筛选】对话框。

（4）选择条件区域。单击【高级筛选】对话框中【条件区域】文本框右侧的 ⬆ 按钮，打开【高级筛选-条件区域:】对话框，再选中【Sheet1】工作表的单元格区域 A1:B2，如图 3-22 所示，然后单击 ⬇ 按钮返回【高级筛选】对话框。

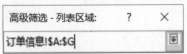 　　　　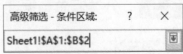

图 3-21　【高级筛选-列表区域:】对话框的设置　　图 3-22　【高级筛选-条件区域:】对话框的设置

（5）确定筛选设置。在【高级筛选】对话框中单击【确定】按钮即可在【订单信息】工作表中筛选出店铺所在地为"深圳"且消费金额大于 1200 元的数据，效果如图 3-23 所示。

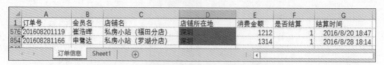

图 3-23　同时满足多个条件的筛选效果

2. 满足其中一个条件的筛选

在【订单信息】工作表中筛选出店铺所在地为"深圳"或消费金额大于 1200 元的数据，具体操作步骤如下。

（1）输入筛选条件。在【Sheet1】工作表旁创建一个新的工作表【Sheet2】，在【Sheet2】工作表的单元格区域 A1:B3 建立条件区域，如图 3-24 所示。

（2）打开【高级筛选】对话框。在【订单信息】工作表中单击任一非空单元格，再在【数据】选项卡的【排序和筛选】命令组中单击【高级】按钮，打开【高级筛选】对话框，如图 3-20 所示。

（3）选择列表区域。在【高级筛选】对话框中单击【列表区域】文本框右侧的 按钮，打开【高级筛选-列表区域:】对话框，再选中【订单信息】工作表的单元格区域 A 列到 G 列，如图 3-21 所示，然后单击 按钮返回【高级筛选】对话框。

（4）选择条件区域。在【高级筛选】对话框中单击【条件区域】文本框右侧的 按钮，打开【高级筛选-条件区域:】对话框，再选中【Sheet2】工作表的单元格区域 A1:B3，如图 3-25 所示，然后单击 按钮返回【高级筛选】对话框。

图 3-24　建立条件区域

图 3-25　【高级筛选-条件区域:】对话框

（5）确定筛选设置。单击【高级筛选】对话框中的【确定】按钮即可在【订单信息】工作表中筛选出店铺所在地为"深圳"或消费金额大于 1200 元的数据，效果如图 3-26 所示。

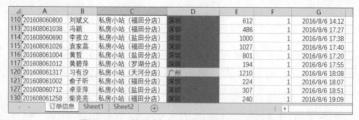

图 3-26　满足其中一个条件的筛选效果

任务 3.3　分类汇总数据

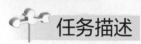

任务描述

分类汇总可按照设定的字段对数据进行分组，并在此基础上统计其他需要求和、求平均值和计数等计算操作的字段。为了查看各会员的消费金额和店铺的数据情况，需要在【订单信息】工作表中统计各会员的消费金额总和与平均值；统计各会员在不同店铺的消费金额的总和；基于统计各会员消费金额总和后的数据，对汇总结果进行分页显示。

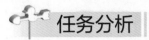 **任务分析**

（1）统计各会员消费金额的总和。

（2）统计各会员消费金额的平均值。

（3）先对会员名进行分类汇总后，再对店铺名进行分类汇总。

（4）统计各会员消费金额的总和，并将汇总结果进行分页显示。

3.3.1 插入分类汇总

1. 简单分类汇总

在【订单信息】工作表中统计各会员消费金额的总和，具体的操作步骤如下。

（1）根据会员名升序排序。在【订单信息】工作表中选中 B 列任一非空单元格，如 B3 单元格，然后在【数据】选项卡的【排序和筛选】命令组中单击↓按钮，将该列数据根据会员名进行升序排序，效果如图 3-27 所示。

	A	B	C	D	E	F	G
1	订单号	会员名	店铺名	店铺所在地	消费金额	是否结算	结算时间
2	201608220499	艾少雄	私房小站（禅城分店）	佛山	337	1	2016/8/22 22:08
3	201608201161	艾少雄	私房小站（福田分店）	深圳	148	1	2016/8/20 18:34
4	201608061082	艾少雄	私房小站（天河分店）	广州	458	1	2016/8/6 20:41
5	201608020688	艾少雄	私房小站（越秀分店）	广州	332	1	2016/8/2 21:18
6	201608150766	艾文茜	私房小站（福田分店）	深圳	702	1	2016/8/15 21:42
7	201608010486	艾文茜	私房小站（天河分店）	广州	443	1	2016/8/1 20:36
8	201608250518	艾文茜	私房小站（天河分店）	广州	594	1	2016/8/25 20:09
9	201608141143	艾小金	私房小站（天河分店）	广州	199	1	2016/8/14 22:09
10	201608240501	艾小金	私房小站（天河分店）	广州	504	1	2016/8/24 19:30

订单信息

图 3-27　根据会员名进行升序排序

（2）打开【分类汇总】对话框。在【数据】选项卡的【分级显示】命令组中，单击【分类汇总】按钮，如图 3-28 所示，打开【分类汇总】对话框。

图 3-28　单击【分类汇总】按钮

（3）设置参数。在【分类汇总】对话框中单击【分类字段】下的∨按钮，在打开的下拉列表框中选择【会员名】；单击【汇总方式】下的∨按钮，在打开的下拉列表框中选择【求和】；在【选定汇总项】列表框中勾选【消费金额】复选框，取消其他复选框的勾选，如图 3-29 所示。

（4）确定设置。单击【分类汇总】对话框中的【确定】按钮即可在【订单信息】工作表中统计各会员消费金额的总和，效果如图 3-30 所示。

（5）显示分类汇总数据。在分类汇总后，工作表行号左侧出现的┼和┷按钮是层次按钮，分别代表显示和隐藏组中的明细数据。层次按钮上方的 1 2 3 按钮是分级显示按钮，单击所需级别的按钮就会隐藏较低级别的明细数据，显示其他级别的明细数据。

图 3-29　【分类汇总】对话框中
的参数设置

图 3-30　简单分类汇总的效果

（6）删除分类汇总。若要删除分类汇总，则选择包含分类汇总的单元格区域，然后在图 3-29 所示的【分类汇总】对话框中单击【全部删除】按钮即可。

2. 高级分类汇总

在【订单信息】工作表中统计各会员消费金额的平均值，具体操作步骤如下。

（1）打开【分类汇总】对话框。在简单分类汇总结果的基础上，在【数据】选项卡的【分级显示】命令组中单击【分类汇总】按钮，如图 3-28 所示，打开【分类汇总】对话框。

（2）设置参数。在【分类汇总】对话框中，单击【分类字段】下的 ✓ 按钮，在打开的下拉列表框中选择【会员名】；单击【汇总方式】下的 ✓ 按钮，在打开的下拉列表框中选择【平均值】；【选定汇总项】列表框中的设置保持不变，然后取消勾选【替换当前分类汇总】复选框，如图 3-31 所示。

（3）确定设置。单击【分类汇总】对话框中的【确定】按钮即可统计各会员消费金额的平均值，效果如图 3-32 所示。

图 3-31　设置汇总方式为"平均值"

图 3-32　各会员消费金额的平均值

3. 嵌套分类汇总

在【订单信息】工作表中，先对会员名进行简单分类汇总，再对店铺名进行分类汇总，具体操作步骤如下。

（1）对数据进行排序。在【订单信息】工作表中，先根据会员名进行升序排序，再将相同会员名的订单根据店铺名进行升序排序，排序效果如图 3-33 所示。

图 3-33　排序效果

（2）设置第一次分类汇总的参数。在【数据】选项卡的【分级显示】命令组中单击【分类汇总】按钮，在打开的【分类汇总】对话框中设置参数，如图 3-34 所示，然后单击【确定】按钮，得到第一次汇总结果。

（3）设置第二次分类汇总的参数。在【数据】选项卡的【分级显示】命令组中单击【分类汇总】按钮，在打开的【分类汇总】对话框中设置参数，如图 3-35 所示。

图 3-34　第一次汇总的参数设置　　　图 3-35　第二次汇总的参数设置

（4）确定设置。单击【分类汇总】对话框中的【确定】按钮即可先对会员名进行简单分类汇总，然后再对店铺名进行分类汇总，效果如图 3-36 所示。

图 3-36　嵌套分类汇总效果

3.3.2 分页显示数据列表

分页显示数据列表是为了将分类汇总的每一类数据单独的列在一页中，以方便清晰地显示打印出来的数据。在【订单信息】工作表中统计各会员消费金额的总和，并将汇总结果进行分页显示，具体的操作步骤如下。

（1）根据会员名升序排序。在【订单信息】工作表中选中 B 列任一非空单元格，如 B2 单元格，再在【数据】选项卡的【排序和筛选】命令组中单击 ↕ 按钮，将该列数据根据会员名进行升序排序。

（2）打开【分类汇总】对话框。选中任一非空单元格，在【数据】选项卡的【分级显示】命令组中单击【分类汇总】按钮，打开【分类汇总】对话框。

（3）设置参数。单击【分类字段】下的 ▼ 按钮，在打开的下拉列表框中选择【会员名】，再在【选定汇总项】列表框中勾选【消费金额】复选框，如图 3-37 所示，然后勾选【每组数据分页】复选框。

（4）确定设置。单击【分类汇总】对话框中的【确定】按钮即可在【订单信息】工作表中统计各会员消费金额的总和，并将汇总结果进行分页显示，效果如图 3-38 所示。

图 3-37 【分类汇总】对话框

图 3-38 分页显示数据列表效果

小结

本章主要介绍了在 Excel 2016 中排序、筛选和分类汇总等数据处理的常用方法。其中，数据排序包括根据单个关键词排序、根据多个关键词排序和自定义排序；数据筛选包括根据颜色筛选、自定义筛选和根据高级条件筛选；数据分类汇总包括插入分类汇总和分页显示数据列表。

实训

实训 1 排序

1. 训练要点

（1）熟悉排序的类型和基本内容。

（2）掌握各排序类型的基本操作方法。

2. 需求说明

为了查看多种情况排序的数据结果，需要在【9 月自助便利店销售业绩】工作表中，对“商品”字段进行单个关键字的升序排序，对“店铺”字段按照天河区便利店、越秀区便利店和白云区便利店的顺序进行自定义序列排序。

3. 实现思路及步骤

（1）根据“商品”字段进行升序排列，最终得到的效果如图 3-39 所示。

（2）创建自定义序列“天河区便利店,越秀区便利店,白云区便利店”。

（3）设置主要关键字为“店铺”字段，次序为所创建的自定义序列，最终得到的效果如图 3-40 所示。

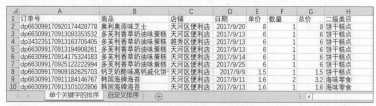

	A	B	C	D	E	F	G	H
1	订单号	商品	店铺	日期	单价	数量	总价	二级类目
2	dp663099170920174428778	奥利奥原味芝士	天河区便利店	2017/9/20	8	1	8	饼干糕点
3	dp663099170913093353532	多芙利香草奶油味蛋糕	天河区便利店	2017/9/13	6	1	6	饼干糕点
4	dp343235170913163705405	多芙利香草奶油味蛋糕	越秀区便利店	2017/9/13	6	1	6	饼干糕点
5	dp663099170913194908261	多芙利香草奶油味蛋糕	天河区便利店	2017/9/13	6	1	6	饼干糕点
6	dp663099170914175324183	多芙利香草奶油味蛋糕	天河区便利店	2017/9/14	6	1	6	饼干糕点
7	dp663099170925122222994	多芙利香草奶油味蛋糕	天河区便利店	2017/9/25	6	1	6	饼干糕点
8	dp663099170909182625703	钙芝奶酪味高钙威化饼干	天河区便利店	2017/9/9	1.5	1	1.5	饼干糕点
9	dp663099170911184146767	韩国海牌海苔	天河区便利店	2017/9/11	1.6	2	3.2	海味零食
10	dp663099170913101022806	韩国海牌海苔	天河区便利店	2017/9/13	1.6	1	1.6	海味零食

图 3-39　单个关键字排序

	A	B	C	D	E	F	G	H
1	订单号	商品	店铺	日期	单价	数量	总价	二级类目
2	dp663099170905205559101	优益C活菌型乳酸菌饮品	天河区便利店	2017/9/5	7	1	7	乳制品
3	dp663099170906093111741	咪咪虾条马来西亚风味	天河区便利店	2017/9/6	0.8	1	0.8	膨化食品
4	dp663099170906102942214	四洲栗一烧烧烤味	天河区便利店	2017/9/6	9	1	9	膨化食品
5	dp663099170906103327320	卫龙亲嘴烧红烧牛肉味	天河区便利店	2017/9/6	1.5	1	1.5	肉干/豆制品/蛋
6	dp663099170906103409381	日式鱼果	天河区便利店	2017/9/6	4	1	4	膨化食品
7	dp663099170906103457348	咪咪虾条马来西亚风味	天河区便利店	2017/9/6	0.8	1	0.8	膨化食品
8	dp663099170906103658997	优益C活菌型乳酸菌饮品	天河区便利店	2017/9/6	7	1	7	乳制品
9	dp663099170906131459278	无穷烤鸡小腿（蜂蜜）	天河区便利店	2017/9/6	3	1	3	肉干/豆制品/蛋
10	dp663099170906144031436	雪碧	天河区便利店	2017/9/6	3.5	1	3.5	碳酸饮料

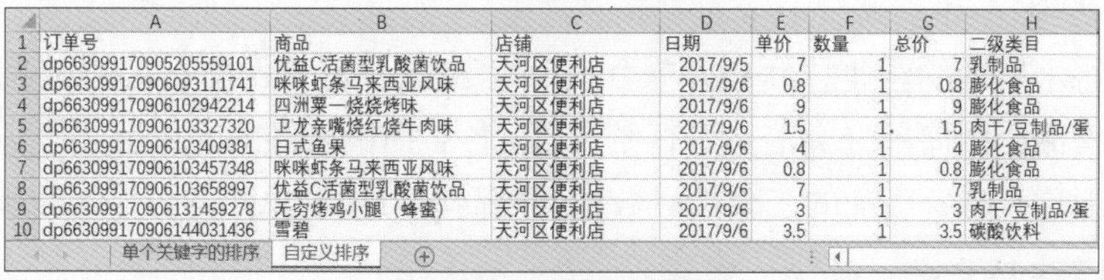

图 3-40　自定义排序

实训 2　筛选

1. 训练要点

（1）熟悉筛选的方式和类型。

（2）掌握各种筛选类型的基本操作方法。

2. 需求说明

为了查看带有红色标记单元格的数据和查找全部二级类目为乳制品和碳酸饮料的数据，需要在【9月自助便利店销售业绩】工作表中，分别用颜色筛选和文本筛选的方法对数据进行筛选。

3. 实现思路及步骤

（1）在“二级类目”字段中筛选出单元格颜色为红色的数据，最终得到的效果如图 3-41 所示。

（2）在“二级类目”字段中筛选出“乳制品”和“碳酸饮料”的数据，最终得到的效果如图 3-42 所示。

	订单号	商品	店铺	日期	单价	数量	总价	二级类目
14	dp663099170906180031686	新麦潮天然酵母面包	天河区便利店	2017/9/6	4	1	4	饼干糕点
24	dp663099170906194724183	新麦潮天然酵母面包	天河区便利店	2017/9/6	4	1	4	饼干糕点
28	dp663099170907102056233	新麦潮天然酵母面包	天河区便利店	2017/9/7	4	1	4	饼干糕点
30	dp663099170907132648177	新麦潮天然酵母面包	天河区便利店	2017/9/7	4	2	8	饼干糕点
31	dp663099170907174601530	盼盼手撕面包	天河区便利店	2017/9/7	4	1	4	饼干糕点
44	dp663099170908094607928	新麦潮天然酵母面包	天河区便利店	2017/9/8	4	1	4	饼干糕点
54	dp663099170908183856395	丽芝士纳宝帝奶酪威化饼	天河区便利店	2017/9/8	3.5	1	3.5	饼干糕点
56	dp663099170909182625703	钙芝奶酪味高钙威化饼干	天河区便利店	2017/9/9	1.5	1	1.5	饼干糕点
57	dp663099170909182625703	巧克力奶油味蛋糕	天河区便利店	2017/9/9	3	1	3	饼干糕点
58	dp663099170909195139769	新麦潮天然酵母面包	天河区便利店	2017/9/9	4	1	4	饼干糕点

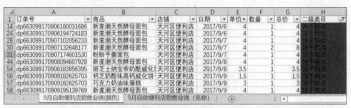

图 3-41　“二级类目”字段颜色为红色的数据

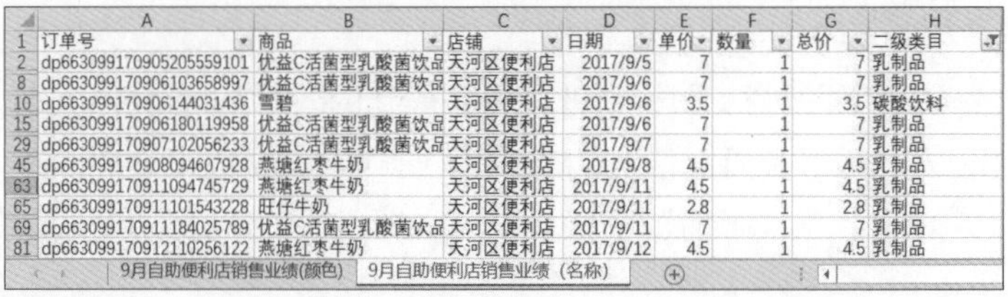

	订单号	商品	店铺	日期	单价	数量	总价	二级类目
2	dp663099170905205559101	优益C活菌型乳酸菌饮品	天河区便利店	2017/9/5	7	1	7	乳制品
8	dp663099170906103658997	优益C活菌型乳酸菌饮品	天河区便利店	2017/9/6	7	1	7	乳制品
10	dp663099170906144031436	雪碧	天河区便利店	2017/9/6	3.5	1	3.5	碳酸饮料
15	dp663099170906180119958	优益C活菌型乳酸菌饮品	天河区便利店	2017/9/6	7	1	7	乳制品
29	dp663099170907102056233	优益C活菌型乳酸菌饮品	天河区便利店	2017/9/7	7	1	7	乳制品
45	dp663099170908094607928	燕塘红枣牛奶	天河区便利店	2017/9/8	4.5	1	4.5	乳制品
63	dp663099170911094745729	燕塘红枣牛奶	天河区便利店	2017/9/11	4.5	1	4.5	乳制品
65	dp663099170911101543228	旺仔牛奶	天河区便利店	2017/9/11	2.8	1	2.8	乳制品
69	dp663099170911184025789	优益C活菌型乳酸菌饮品	天河区便利店	2017/9/11	7	1	7	乳制品
81	dp663099170912110256122	燕塘红枣牛奶	天河区便利店	2017/9/12	4.5	1	4.5	乳制品

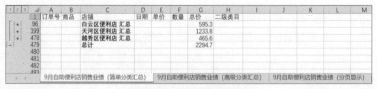

图 3-42　“二级类目”字段中为“乳制品”和“碳酸饮料”的数据

实训 3　分类汇总数据

1. 训练要点

（1）熟悉分类汇总的方式。

（2）掌握分类汇总的基本操作方法。

2. 需求说明

为了统计每个店铺的营业总额和订单个数，需要在【9 月自助便利店销售业绩】工作表中，对各店铺的销售额使用简单分类汇总进行统计；在各店铺销售额的简单分类汇总上对订单数量使用高级分类汇总；对各店铺的二级类目数量使用简单分类汇总并分页显示数据列表。

3. 实现思路及步骤

（1）对“店铺”字段进行升序排序，并使用简单分类汇总方法统计各店铺的销售额，最终得到的效果如图 3-43 所示。

（2）在各店铺的简单分类汇总基础上，使用高级分类汇总方法统计各店铺的订单数量，最终得到的效果如图 3-44 所示。

（3）对“店铺”字段进行升序排序，并分页显示简单分类汇总的各店铺的二级类目数量，最终得到的效果如图 3-45 所示。

	订单号	商品	店铺	日期	单价	数量	总价	二级类目
96			白云区便利店 汇总				595.3	
399			天河区便利店 汇总				1233.8	
478			越秀区便利店 汇总				465.6	
479			总计				2294.7	

图 3-43　简单分类汇总

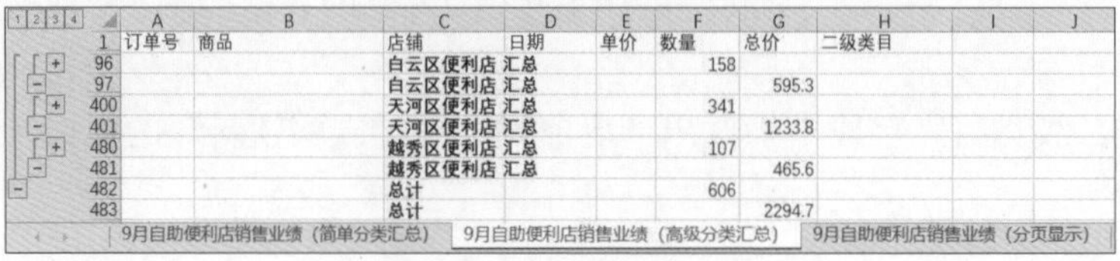

	订单号	商品	店铺	日期	单价	数量	总价	二级类目
96			白云区便利店 汇总			158		
97			白云区便利店 汇总				595.3	
400			天河区便利店 汇总			341		
401			天河区便利店 汇总				1233.8	
480			越秀区便利店 汇总			107		
481			越秀区便利店 汇总				465.6	
482			总计			606		
483			总计				2294.7	

图 3-44　高级分类汇总

	A	B	C	D	E	F	G	H	I	J
85	dp52477517093(	新麦湖天然酵母面包（1	白云区便利店	2017/9/30	4		1	4	饼干糕点	
86	dp52477517093(	咪咪虾条马来西亚风味	白云区便利店	2017/9/30	0.8		3	2.4	膨化食品	
87	dp52477517093(	无穷烤鸡小腿（蜂蜜）	白云区便利店	2017/9/30	3		1	3	肉干/豆制品/蛋	
88	dp52477517093(	无穷农场盐焗鸡蛋	白云区便利店	2017/9/30	2.5		1	2.5	肉干/豆制品/蛋	
89	dp52477517093(	美汁源果粒橙	白云区便利店	2017/9/30	4		2	8	果蔬饮料	
90	dp52477517093(	农夫果园	白云区便利店	2017/9/30	5.5		1	5.5	果蔬饮料	
91	dp52477517093(	咪咪虾条马来西亚风味	白云区便利店	2017/9/30	0.8		8	6.4	膨化食品	
92	dp52477517093(	统一来一桶香辣老坛酸）	白云区便利店	2017/9/30	5.5		1	5.5	方便速食	
93	dp52477517093(	巧克力奶	白云区便利店	2017/9/30	3.5		1	3.5	植物蛋白	
94	dp52477517093(	柠檬茶	白云区便利店	2017/9/30	3.5		1	3.5	茶饮料	
95	dp52477517093(	红牛	白云区便利店	2017/9/30	7.5		1	7.5	功能饮料	
96			**白云区便利店 计数**					94		

9月自助便利店销售业绩（简单分类汇总） | 9月自助便利店销售业绩（高级分类汇总） | 9月自助便利店销售业绩（分页显示）

图 3-45　分页显示分类汇总的结果

课后习题

　　某商场超市经理为查看本超市的商品销售数据情况，从中找出有价值的信息。基于第 2 章课后习题【超市商品销售数据】工作簿，需要对数据进行以下操作。

　　（1）对"销售月份"字段进行升序排序，最终效果如图 3-46 所示。

　　（2）筛选"商品类型"字段为生鲜的商品，最终效果如图 3-47 所示。

　　（3）对"销售月份"字段进行升序排序，并对"销售数量"字段进行分类汇总，最终效果如图 3-48 所示。

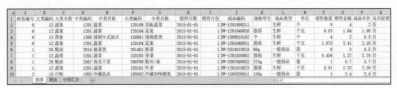

图 3-46　排序结果

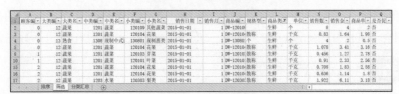

图 3-47　筛选结果

图 3-48　分类汇总结果

37

第 4 章　函数的应用

加快发展数字经济，促进数字经济和实体经济深度融合，打造具有国际竞争力的数字产业集群。数字经济是通过数字化的知识与信息，应用数据处理技术精准实现资源的优化配置与再生，从而有效推动经济高质量发展的经济形态。为了满足各种数据处理的需求，Excel 2016 提供了大量函数供用户使用，用户可以直接使用函数对某个区域内的数值进行一系列运算。为对工作表中的数据进行计算，需要在单元格中创建和使用公式，而对于一些复杂的运算，使用函数可以简化或缩短工作表中的公式，操作简单又方便。本章主要介绍公式、函数、数组公式，以及 Excel 2016 中常用函数的使用方法，包含日期和时间函数、数学函数、统计函数、文本函数和逻辑函数。

学习目标

（1）了解公式和函数。

（2）掌握数组公式的使用方法。

（3）熟悉日期和时间函数、数学函数、统计函数、文本函数和逻辑函数的作用。

（4）掌握日期和时间函数、数学函数、统计函数、文本函数和逻辑函数的使用方法。

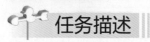 认识公式和函数

任务描述

Excel 2016 中含有丰富的内置函数，可以满足用户对各种数据进行处理的需求。为了查看菜品营业额，在某餐饮店 2016 年的【9 月 1 日订单详情】工作表中，分别使用公式和函数计算菜品的总价，再采用引用单元格的方式完善【9 月 1 日订单详情】和【9 月订单详情】工作表。

任务分析

（1）输入公式计算菜品的总价。

（2）输入 PRODUCT 函数计算菜品的总价。

（3）用相对引用的方式计算菜品总价。

（4）用绝对引用的方式输入订单的日期。

（5）用三维引用的方式在【9 月订单详情】工作表中输入 9 月 1 日的营业额。

（6）用外部引用的方式在【9 月订单详情】工作表中输入 9 月 2 日的营业额。

4.1.1　输入公式和函数

公式是工作表中用于对单元格数据进行各种运算的等式，它必须以等号"="开头，而

一个完整的公式通常由运算符和操作数组成。在 Excel 2016 中，函数实际上是一个预先定义的特定计算公式。

1．输入公式

采用输入公式的方法，在【9 月 1 日订单详情】工作表中计算每个订单的菜品总价，具体操作步骤如下。

（1）输入"="。单击单元格 E4，输入等号"="，Excel 2016 就会默认用户在输入公式，用户界面的状态栏显示为【输入】，如图 4-1 所示。

图 4-1　输入"="

（2）输入公式。因为总价等于价格乘以数量，所以在等号后面输入公式"26*1"，如图 4-2 所示。

图 4-2　输入"=26*1"

（3）确定公式。按【Enter】键，Excel 2016 就会计算出 26 乘以 1 的值为 26。然后按照步骤（2）的方法计算所有菜品的总价，结果如图 4-3 所示。

在输入公式时，可能会出现输入错误，此时单元格会显示相应的错误信息。常见的错误信息及其产生的原因如表 4-1 所示。

图 4-3　计算结果

表 4-1　输入公式常见的错误信息及其产生的原因

错误信息	产生原因
#####	内容太长或单元格宽度不够
#DIV/0!	当数字除以零（0）时
#N/A	数值对函数或公式不可用
#NAME?	Excel 2016 无法识别公式中的文本
#NULL!	引用不相交的单元格区域，未加正确的区域运算符
#NUM!	公式或函数中使用了无效的数值
#REF!	引用的单元格无效
#VALUE!	使用的参数或操作数的类型不正确

2．输入函数

Excel 2016 函数按功能分类的类型及作用如表 4-2 所示。

表 4-2　Excel 2016 函数按功能分类的类型及作用

函数类型	作用
加载宏和自动化函数	用于加载宏或执行某些自动化操作
多维数据集函数	用于从多维数据库中提取数据并将其显示在单元格中
数据库函数	用于对数据库中的数据进行分析
日期和时间函数	用于处理公式中与日期和时间有关的值
工程函数	用于处理复杂的数值并在不同的数制和测量体系中进行转换
财务函数	用于进行财务方面的相关计算
信息函数	可帮助用户判断单元格内数据所属的类型以及单元格是否为空等
逻辑函数	用于检测是否满足一个或多个条件
查找和引用函数	用于查找存储在工作表中的特定值
数学和三角函数	用于进行数据和三角方面的各种计算
统计函数	用于对特定范围内的数据进行分析统计
文本函数	用于处理公式中的文本字符串

如果对所输入的函数的名称和相关参数不熟悉，那么可以通过【插入函数】对话框输入函数。采用插入 PRODUCT 函数的方法，在【9 月 1 日订单详情】工作表中计算出每个订单的菜品总价，具体操作步骤如下。

（1）打开【插入函数】对话框。选中单元格 E4，然后在【公式】选项卡的【函数库】命令组中，单击【插入函数】按钮，如图 4-4 所示，打开【插入函数】对话框。

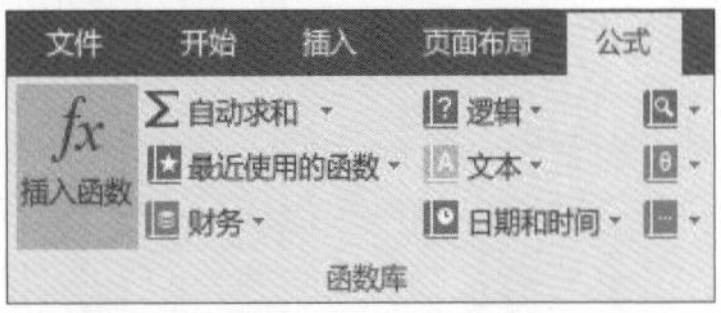

图 4-4　单击【插入函数】按钮

（2）选择函数类别。在【插入函数】对话框的【或选择类别】下拉列表框中选择【数学与三角函数】，如图 4-5 所示。

（3）选择函数。在【选择函数】列表框中选择【PRODUCT】函数，如图 4-6 所示，单击【确定】按钮。

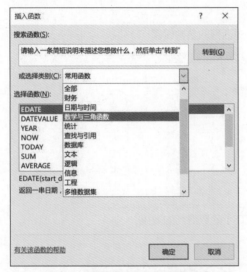

图 4-5　选择【数学与三角函数】

图 4-6　选择【PRODUCT】函数

也可以在【搜索函数】文本框中输入需要函数所做的工作，然后单击【转到】按钮，系统会在【选择函数】文本框中显示所需函数。

如果对所输入的函数的名称和相关参数不熟悉，那么可以在【插入函数】对话框的【选择函数】列表框下方查看函数与参数的说明。

（4）设置列表区域。单击图 4-6 中的【确定】按钮打开【函数参数】对话框，单击【Number1】文本框右侧的 ▲ 按钮，选中当前工作表的 C4 单元格，然后单击 ▣ 按钮返回【函数参数】对话框；单击【Number2】文本框右侧的 ▲ 按钮，选中当前工作表的 D4 单元格，然后单击 ▣ 按钮返回【函数参数】对话框，此时对话框如图 4-7 所示。

（5）确定设置。单击【函数参数】对话框中的【确定】按钮即可输入 PRODUCT 函数计算第一个菜品的总价，然后用同样的方法计算剩余菜品的总价，得到的效果如图 4-8 所示。

如果熟悉函数的名称和相关参数，那么就可以手动输入函数。注意手动输入时函数的符号都要在英文状态下输入，手动输入 PRODUCT 函数的操作步骤如下。

（1）输入函数。选中单元格 E4，手动输入函数"=PRODUCT(26,1)"，如图 4-9 所示。

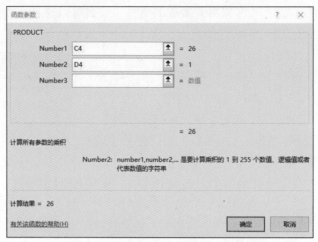

图 4-7 【函数参数】对话框的参数设置

	A	B	C	D	E	F
1	2016年9月1日订单详情					
2					当日日期：	2016年9月1日
3	订单号	菜品名称	价格	数量	总价	日期
4	20160803137	西瓜胡萝卜沙拉	26	1	26	
5	20160803137	麻辣小龙虾	99	1	99	
6	20160803137	农夫山泉NFC果汁	6	1	6	
7	20160803137	番茄炖牛腩	35	1	35	
8	20160803137	白饭/小碗	1	4	4	
9	20160803137	凉拌菠菜	27	1	27	
10	20160815162	芝士烩波士顿龙虾	175	1	175	
11	20160815162	麻辣小龙虾	99	1	99	
12	20160815162	姜葱炒花蟹	45	2	90	
13	20160815162	水煮鱼	65	1	65	

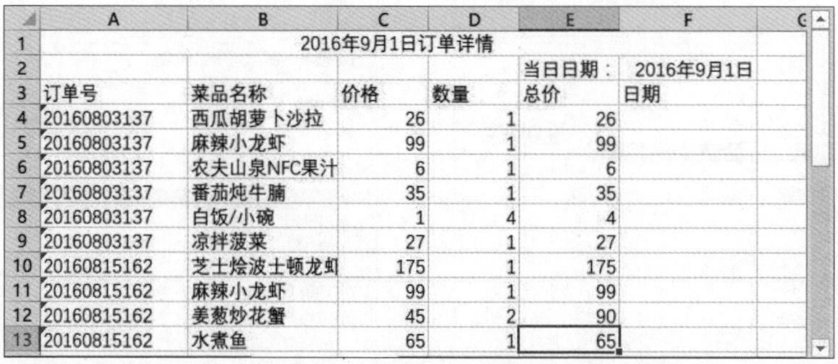

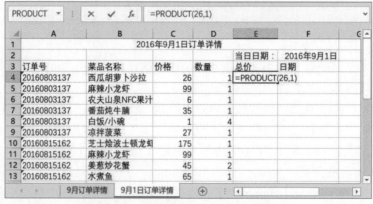

图 4-8 使用【PRODUCT】函数得到的效果

	A	B	C	D	E	F
1	2016年9月1日订单详情					
2					当日日期：	2016年9月1日
3	订单号	菜品名称	价格	数量	总价	日期
4	20160803137	西瓜胡萝卜沙拉	26	1	=PRODUCT(26,1)	
5	20160803137	麻辣小龙虾	99	1		
6	20160803137	农夫山泉NFC果汁	6	1		
7	20160803137	番茄炖牛腩	35	1		
8	20160803137	白饭/小碗	1	4		
9	20160803137	凉拌菠菜	27	1		
10	20160815162	芝士烩波士顿龙虾	175	1		
11	20160815162	麻辣小龙虾	99	1		
12	20160815162	姜葱炒花蟹	45	2		
13	20160815162	水煮鱼	65	1		

图 4-9 手动输入 PRODUCT 函数

（2）确定函数。按【Enter】键即可计算第一个菜品的总价，然后用同样的方法计算剩余菜品的总价。

4.1.2 引用单元格

单元格的引用是公式的组成部分之一，其作用在于标识工作表上的单元格或单元格区域。常用的单元格引用样式及其说明如表 4-3 所示。

表 4-3 常用的单元格引用样式及其说明

引用样式	样式说明
A1	列 A 和行 1 交叉处的单元格
A1:A10	在列 A 和行 1 到行 10 之间的单元格
B2:E2	在行 2 和列 B 到列 E 之间的单元格
3:3	行 3 中全部的单元格
3:5	行 3 到行 5 之间全部的单元格
D:D	列 D 中全部的单元格
A:D	列 A 到列 D 之间全部的单元格
A1:D10	列 A 到列 D 和行 1 到行 10 之间的单元格

常用的引用单元格方式有相对引用、绝对引用、三维引用和外部引用 4 种。

1. 相对引用

当计算所需的数据太多时，在每个单元格中输入公式和函数会耗费大量时间，此时可以考虑使用引用单元格的方式输入公式和函数，并用填充公式的方式输入剩余的公式。

在【9 月 1 日订单详情】工作表中，使用相对引用的方式计算菜品总价，具体操作步骤如下。

（1）计算第一个菜品的总价。选中单元格 E4，输入“=C4*D4”，按【Enter】键，计算结果如图 4-10 所示。

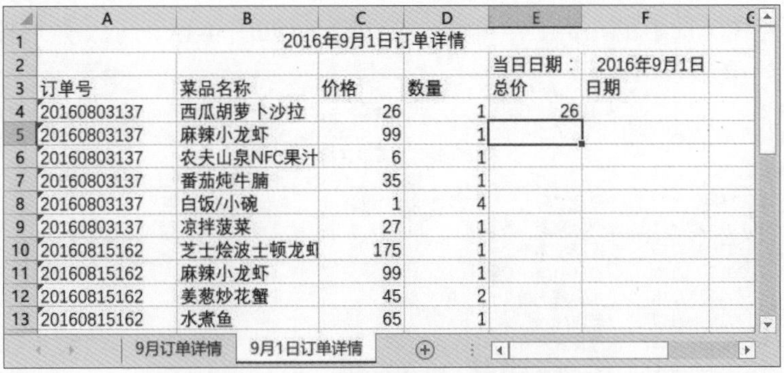

	A	B	C	D	E	F
1	2016年9月1日订单详情					
2					当日日期：	2016年9月1日
3	订单号	菜品名称	价格	数量	总价	日期
4	20160803137	西瓜胡萝卜沙拉	26	1	26	
5	20160803137	麻辣小龙虾	99	1		
6	20160803137	农夫山泉NFC果汁	6	1		
7	20160803137	番茄炖牛腩	35	1		
8	20160803137	白饭/小碗	1	4		
9	20160803137	凉拌菠菜	27	1		
10	20160815162	芝士烩波士顿龙虾	175	1		
11	20160815162	麻辣小龙虾	99	1		
12	20160815162	姜葱炒花蟹	45	2		
13	20160815162	水煮鱼	65	1		

图 4-10 输入公式计算第一个菜品的总价

（2）选择填充公式的区域。单击单元格 E4，将鼠标指针移动到单元格 E4 的右下角，当指针变为黑色且加粗的“+”形状时，按住鼠标左键不放，向下拖曳鼠标指针到单元格 E13，如图 4-11 所示。

（3）填充公式。松开鼠标左键，单元格 E4 下方的单元格就会自动填充公式，但引用的单元格会变成引用相对应的单元格，如单元格 E5 的公式为“=C5*D5”，效果如图 4-12 所示。

也可以在步骤（2）中当指针变为黑色且加粗的“+”形状时双击，单元格 E4 下方的单元格会自动填充公式直到遇到空白行为止。这种方法适用于需要填充较多的公式时。

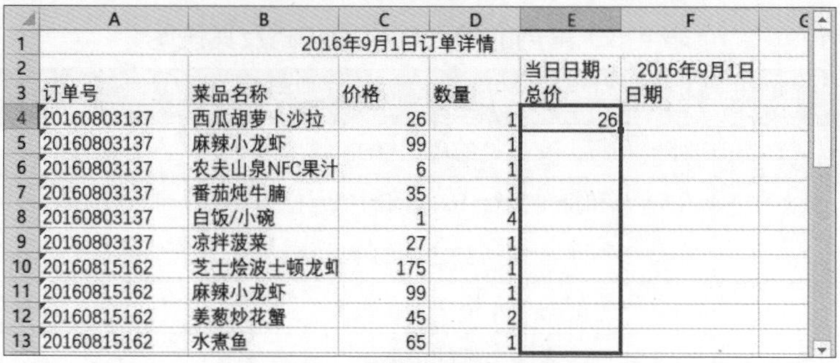

	A	B	C	D	E	F
1	2016年9月1日订单详情					
2					当日日期：	2016年9月1日
3	订单号	菜品名称	价格	数量	总价	日期
4	20160803137	西瓜胡萝卜沙拉	26	1	26	
5	20160803137	麻辣小龙虾	99	1		
6	20160803137	农夫山泉NFC果汁	6	1		
7	20160803137	番茄炖牛腩	35	1		
8	20160803137	白饭/小碗	1	4		
9	20160803137	凉拌菠菜	27	1		
10	20160815162	芝士烩波士顿龙虾	175	1		
11	20160815162	麻辣小龙虾	99	1		
12	20160815162	姜葱炒花蟹	45	2		
13	20160815162	水煮鱼	65	1		

图 4-11　选择填充公式的区域

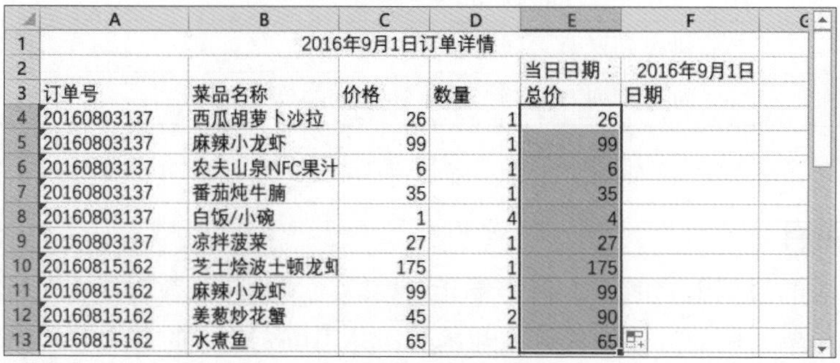

	A	B	C	D	E	F
1	2016年9月1日订单详情					
2					当日日期：	2016年9月1日
3	订单号	菜品名称	价格	数量	总价	日期
4	20160803137	西瓜胡萝卜沙拉	26	1	26	
5	20160803137	麻辣小龙虾	99	1	99	
6	20160803137	农夫山泉NFC果汁	6	1	6	
7	20160803137	番茄炖牛腩	35	1	35	
8	20160803137	白饭/小碗	1	4	4	
9	20160803137	凉拌菠菜	27	1	27	
10	20160815162	芝士烩波士顿龙虾	175	1	175	
11	20160815162	麻辣小龙虾	99	1	99	
12	20160815162	姜葱炒花蟹	45	2	90	
13	20160815162	水煮鱼	65	1	65	

图 4-12　相对引用

2. 绝对引用

在【9 月 1 日订单详情】工作表中用绝对引用（即在引用单元格的行号和列号前加上符号“$”）的方式输入订单的日期，具体操作步骤如下。

（1）输入公式。选中单元格 F4，输入“=$F$2”，如图 4-13 所示，然后按【Enter】键。

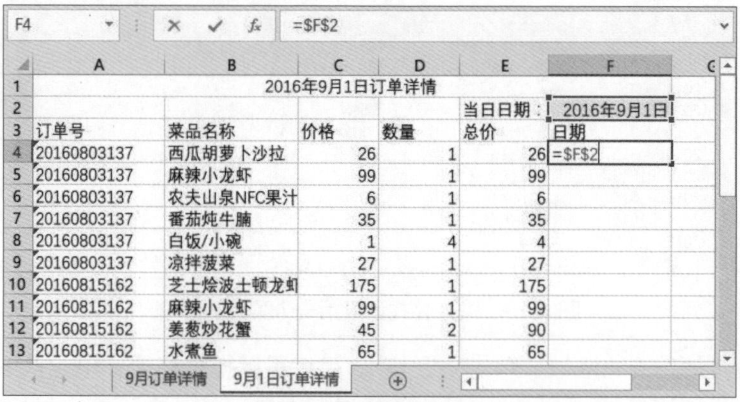

F4　=$F$2

	A	B	C	D	E	F
1	2016年9月1日订单详情					
2					当日日期：	2016年9月1日
3	订单号	菜品名称	价格	数量	总价	日期
4	20160803137	西瓜胡萝卜沙拉	26	1	26	=$F$2
5	20160803137	麻辣小龙虾	99	1	99	
6	20160803137	农夫山泉NFC果汁	6	1	6	
7	20160803137	番茄炖牛腩	35	1	35	
8	20160803137	白饭/小碗	1	4	4	
9	20160803137	凉拌菠菜	27	1	27	
10	20160815162	芝士烩波士顿龙虾	175	1	175	
11	20160815162	麻辣小龙虾	99	1	99	
12	20160815162	姜葱炒花蟹	45	2	90	
13	20160815162	水煮鱼	65	1	65	

图 4-13　输入公式

（2）填充公式。单击单元格 F4，将鼠标指针移动到单元格 F4 的右下角，当指针变为黑色且加粗的“+”形状时双击，单元格 F4 下方的单元格会自动填充公式，引用的单元格不变，如图 4-14 所示。

相对引用和绝对引用混合使用时可以变为混合引用，包括绝对引用列和相对引用行或绝对引用行和相对引用列。绝对引用列采用的形式如$A1 和$B1 等，绝对引用行采用的形式如 A$1 和 B$1 等。

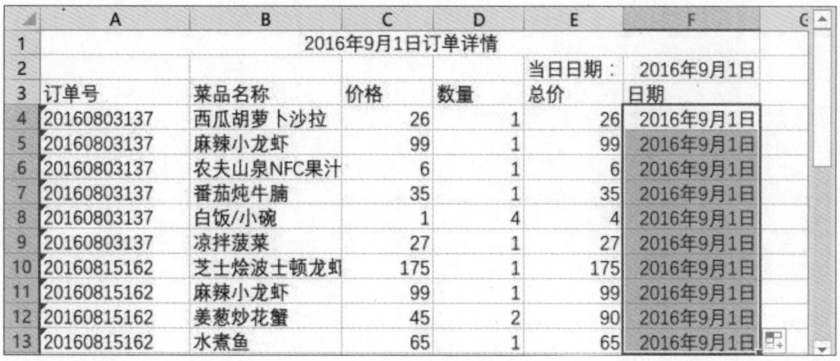

图 4-14　绝对引用

相对引用、绝对引用和混合引用是单元格引用的主要方式。在单元格或编辑栏中选中单元格引用，按【F4】键可以在相对引用、绝对引用和混合引用之间快速切换。如按【F4】键可以在 A1、$A$1、A$1 和$A1 之间转换。

3. 三维引用

如果要分析同一个工作簿中多个工作表相同单元格或单元格区域中的数据，那么就可以使用三维引用。

在【9 月 1 日订单详情】工作表中使用三维引用的方式输入 9 月 1 日的营业额，具体操作步骤如下。

（1）计算 9 月 1 日的营业额。在【9 月 1 日订单详情】工作表中，对所有订单的菜品总价进行求和，得到 9 月 1 日的营业额，如图 4-15 所示。

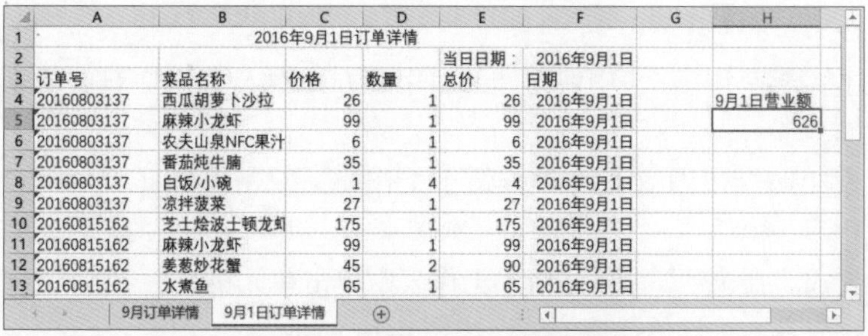

图 4-15　计算 9 月 1 日的营业额

（2）输入公式。在【9 月订单详情】工作表中单击单元格 B1，输入"=9 月 1 日订单详情!H5"，如图 4-16 所示。

图 4-16　输入"=9 月 1 日订单详情!H5"

45

（3）确定公式。按【Enter】键即可使用三维引用的方式输入 9 月 1 日的营业额，如图 4-17 所示。

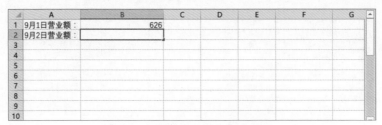

图 4-17　输入 9 月 1 日的营业额

4．外部引用

若要在单元格的公式中引用另外一个工作簿中的单元格，则需要使用外部引用。

此餐饮店 2016 年 9 月 2 日的订单详情数据存放在【2016 年 9 月 2 日订单详情】工作簿的【9 月 2 日订单详情】工作表中，如图 4-18 所示。

	A	B	C	D	E	F	G	H
1			2016年9月2日订单详情					
2						当日日期：	2016年9月2日	
3	订单号	菜品名称	价格	数量	总价	日期		
4	20160824191	麻辣小龙虾	99	1	99	2016年9月2日		9月2日营业额
5	20160824191	番茄甘蓝	33	1	33	2016年9月2日		1117
6	20160824191	杭椒鸡胗	58	1	58	2016年9月2日		
7	20160824191	凉拌菠菜	27	1	27	2016年9月2日		
8	20160824191	白饭/大碗	10	1	10	2016年9月2日		
9	20160802193	桂圆枸杞鸽子汤	48	1	48	2016年9月2日		
10	20160802193	红酒土豆烧鸭腿	48	1	48	2016年9月2日		

9月2日订单详情

图 4-18　餐饮店 2016 年 9 月 2 日的订单详情数据

在【9 月订单详情】工作表中使用外部引用的方式输入 9 月 2 日的营业额，具体操作步骤如下。

（1）打开【2016 年 9 月 2 日订单详情】工作簿。双击【2016 年 9 月 2 日订单详情】文件。

（2）输入公式。在【9 月订单详情】工作表中单击单元格 B2，输入"=[2016 年 9 月 2 日订单详情.xlsx]9 月 2 日订单详情!H5"，如图 4-19 所示。

B2		× ✓ fx	=[2016年9月2日订单详情.xlsx]9月2日订单详情!H5				
	A	B	C	D	E	F	G
1	9月1日营业额	626					
2	9月2日营业额	=[2016年9月2日订单详情.xlsx]9月2日订单详情!H5					
3							
4							
5							
6							
7							
8							
9							
10							

9月订单详情　9月1日订单详情

图 4-19　输入"=[2016 年 9 月 2 日订单详情.xlsx]9 月 2 日订单详情!H5"

（3）确定公式。按【Enter】键即可使用外部引用的方式输入 9 月 2 日的营业额，如图 4-20 所示。

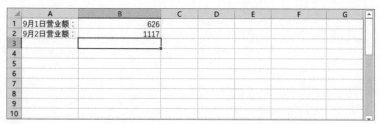

图 4-20 输入 9 月 2 日的营业额

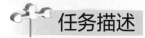 **使用数组公式**

任务描述

若希望使用公式进行多重计算并返回一个或多个计算结果，则需要通过数组公式来实现。为了了解各订单菜品的价格，在某餐饮店 2016 年的【9 月 1 日订单详情】工作表中，使用数组公式计算当日营业额和各订单的菜品总价。

任务分析

（1）使用单一单元格数组公式计算 9 月 1 日的营业额。

（2）使用多单元格数组公式计算各订单的菜品总价。

4.2.1 使用单一单元格数组公式

与输入公式不同的是，数组公式可以输入数组常量或数组区域作为数组参数，而且必须通过组合键【Ctrl+Shift+Enter】来输入数组公式，此时 Excel 会自动在{}中插入该公式。

在【9 月 1 日订单详情】工作表中使用单一单元格数组公式计算 9 月 1 日的营业额，具体操作步骤如下。

（1）输入公式。选中单元格 H4，输入"=SUM(C4:C29*D4:D29)"，如图 4-21 所示。

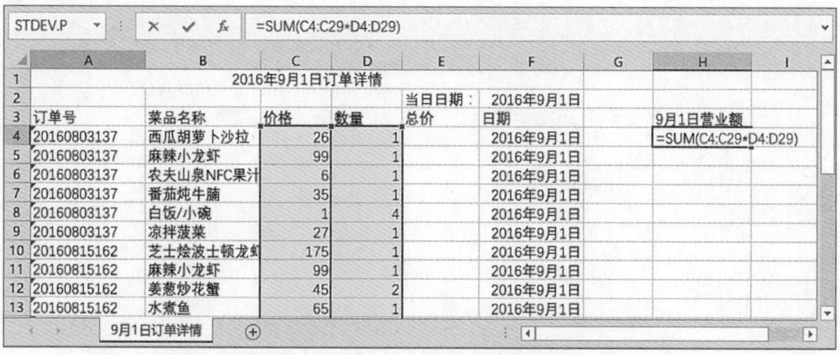

图 4-21 输入"=SUM(C4:C29*D4:D29)"

（2）确定公式。按组合键【Ctrl+Shift+Enter】即可使用单一单元格数组公式计算 9 月 1 日的营业额，计算结果如图 4-22 所示。

使用单一单元格数组公式可以不用计算出各菜品的总价，直接计算出该餐饮店 2016 年 9 月 1 日的营业额，这是数组功能的主要作用。

图 4-22　9 月 1 日营业额的计算结果

4.2.2　使用多单元格数组公式

在【9 月 1 日订单详情】工作表中使用多单元格数组公式计算各菜品的总价，具体操作步骤如下。

（1）输入公式。选中单元格区域 E4:E29，输入"=C4:C29*D4:D29"，如图 4-23 所示。

图 4-23　输入"=C4:C29*D4:D29"

（2）确定公式。按组合键【Ctrl+Shift+Enter】即可使用多单元格数组公式计算各菜品的总价，计算结果如图 4-24 所示。

	A	B	C	D	E	F	G
1			2016年9月1日订单详情				
2					当日日期：	2016年9月1日	
3	订单号	菜品名称	价格	数量	总价	日期	
4	20160803137	西瓜胡萝卜沙拉	26	1	26	2016年9月1日	
5	20160803137	麻辣小龙虾	99	1	99	2016年9月1日	
6	20160803137	农夫山泉NFC果汁	6	1	6	2016年9月1日	
7	20160803137	番茄炖牛腩	35	1	35	2016年9月1日	
8	20160803137	白饭/小碗	1	4	4	2016年9月1日	
9	20160803137	凉拌菠菜	27	1	27	2016年9月1日	
10	20160815162	芝士焗波士顿龙虾	175	1	175	2016年9月1日	
11	20160815162	麻辣小龙虾	99	1	99	2016年9月1日	
12	20160815162	姜葱炒花蟹	45	2	90	2016年9月1日	

图 4-24　各菜品的总价的计算结果

与使用多个单独的公式计算数据相比，使用多单元格数组公式计算数据有以下几个特点。

（1）能保证区域内所有的公式完全相同。

（2）若要向区域的底部添加新数据，则必须对数组公式进行修改以容纳新数据。

（3）不能对数组区域中的某个单元格单独进行编辑，这样可减小意外修改公式的可能性。若要对数组区域进行编辑，则必须将整个区域视为一个单元格进行编辑，否则Excel 2016会弹出显示错误信息的对话框。

若要编辑数组公式，可以选中数组区域中的所有单元格，单击编辑栏或按【F2】键激活编辑栏，编辑新的数组公式，完成后按组合键【Ctrl+Shift+Enter】即可更改内容。若要删除数组公式，则在编辑新的数组公式时先按【BackSpace】键删除公式，再按组合键【Ctrl+Shift+Enter】即可。

任务4.3　设置日期和时间数据

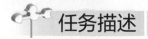 任务描述

Excel 2016 中可用日期和时间函数对日期和时间数据进行处理。某餐饮企业为了统计最多用餐顾客的时间，在【订单信息】工作表中提取日期数据，并完善企业【员工信息表】工作表中的信息。

任务分析

（1）在【订单信息】工作表中提取年、月、日的日期数据。

（2）在【员工信息表】工作表中计算员工的周岁数、不满1年的月数和不满1全月的天数。

（3）在【员工信息表】工作表中计算员工的工作天数。

4.3.1　提取日期和时间数据

Excel 2016 中常用来提取日期数据的有 YEAR、MONTH、DAY、HOUR、MINUTE、SECOND 和 WEEKDAY 函数，分别可以返回对应日期的年份、月份、天数、小时、分钟、秒钟和星期。在【订单信息】工作表中提取年月日的日期数据主要会用到 YEAR、MONTH 和 DAY 函数。

1．YEAR 函数

YEAR 函数可以返回对应于某个日期的年份，即一个 1900～9999 的整数。YEAR 函数的使用格式如下。

```
YEAR(serial_number)
```

YEAR 函数的常用参数及其解释如表 4-4 所示。

表 4-4　YEAR 函数的常用参数及其解释

参数	参数解释
serial_number	必需。表示要查找年份的日期值。日期有多种输入方式：带引号的文本串、系列数、其他公式或函数的结果

在【订单信息】工作表中使用 YEAR 函数提取结算时间的年份，具体操作步骤如下。

（1）输入公式。选中单元格 H4，输入"=YEAR(G4)"，如图 4-25 所示。

图 4-25　输入"=YEAR(G4)"

（2）确定公式。按【Enter】键即可使用 YEAR 函数提取结算时间的年份，效果如图 4-26 所示。

图 4-26　使用 YEAR 函数提取结算时间的年份

（3）填充公式。选中单元格 H4，移动鼠标指针到单元格 H4 的右下角，当指针变为黑色且加粗的"+"形状时，双击即可使用 YEAR 函数提取剩余结算时间的年份，如图 4-27 所示。

图 4-27　使用 YEAR 函数提取剩余结算时间的年份

2. MONTH 函数

MONTH 函数可以返回对应于某个日期的月份，即一个 1～12 的整数。MONTH 函数的使用格式如下。

```
MONTH(serial_number)
```

MONTH 函数的常用参数及其解释如表 4-5 所示。

表 4-5　MONTH 函数的常用参数及其解释

参数	参数解释
serial_number	必需。表示要查找月份的日期值。日期有多种输入方式：带引号的文本串、系列数、其他公式或函数的结果

在【订单信息】工作表中使用 MONTH 函数提取结算时间的月份，具体操作步骤如下。

（1）输入公式。选中单元格 I4，输入"=MONTH(G4)"，如图 4-28 所示。

图 4-28　输入"=MONTH(G4)"

（2）确定公式。按【Enter】键即可使用 MONTH 函数提取结算时间的月份，然后用填充公式的方式提取剩余结算时间的月份，提取数据的效果如图 4-29 所示。

图 4-29　使用 MONTH 函数提取结算时间的月份

3．DAY 函数

DAY 函数可以返回对应于某个日期的天数，即一个 1~31 的整数。DAY 函数的使用格式如下。

```
DAY(serial_number)
```

DAY 函数的常用参数及其解释如表 4-6 所示。

表 4-6　DAY 函数的常用参数及其解释

参数	参数解释
serial_number	必需。表示要查找天数的日期值。日期有多种输入方式：带引号的文本串、系列数、其他公式或函数的结果

在【订单信息】工作表中使用 DAY 函数提取结算时间的天数，具体操作步骤如下。

（1）输入公式。选中单元格 J4，输入"=DAY(G4)"，如图 4-30 所示。

图 4-30　输入"=DAY(G4)"

（2）确定公式。按【Enter】键即可使用 DAY 函数提取结算时间的天数，然后用填充公式的方式提取剩余结算时间的天数，提取数据效果如图 4-31 所示。

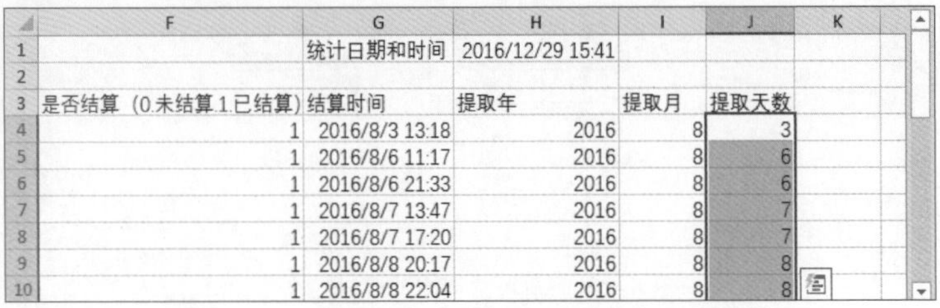

	F	G	H	I	J	K
1		统计日期和时间	2016/12/29 15:41			
2						
3	是否结算（0.未结算 1.已结算）	结算时间	提取年	提取月	提取天数	
4	1	2016/8/3 13:18	2016	8	3	
5	1	2016/8/6 11:17	2016	8	6	
6	1	2016/8/6 21:33	2016	8	6	
7	1	2016/8/7 13:47	2016	8	7	
8	1	2016/8/7 17:20	2016	8	7	
9	1	2016/8/8 20:17	2016	8	8	
10	1	2016/8/8 22:04	2016	8	8	

图 4-31　使用 DAY 函数提取结算时间的天数

4.3.2　计算日期和时间

Excel 2016 中常用于计算日期和时间的函数有 DATEDIF、NETWORKDAYS、DATEVALUE、DAYS、EDATE、YEARFRAC 和 WORKDAY 等函数。在【员工信息表】工作表中计算员工的周岁数、不满 1 年的月数和不满 1 全月的天数主要会用到 DATEDIF 函数，计算员工的工作天数主要会用到 NETWORKDAYS 函数。

1. DATEDIF 函数

DATEDIF 函数可以计算两个日期之间的年数、月数和天数，其使用格式如下。

```
DATEDIF(start_date, end_date, unit)
```

DATEDIF 函数的常用参数及其解释如表 4-7 所示。

表 4-7　DATEDIF 函数的常用参数及其解释

参数	参数解释
start_date	必需。表示起始日期。可以是指定日期的数值（序列号值）或单元格引用。"start_date" 的月份被视为 "0" 进行计算
end_date	必需。表示终止日期
unit	必需。表示要返回的信息类型

unit 参数的常用信息类型及其解释如表 4-8 所示。

表 4-8　unit 参数的常用信息类型及其解释

信息类型	解释
y	计算满年数，返回值为 0 以上的整数
m	计算满月数，返回值为 0 以上的整数
d	计算满日数，返回值为 0 以上的整数
ym	计算不满 1 年的月数，返回值为 1～11 的整数
yd	计算不满 1 年的天数，返回值为 0～365 的整数
md	计算不满 1 全月的天数，返回值为 0～30 的整数

在【员工信息表】工作表中计算员工的周岁数、不满 1 年的月数和不满 1 全月的天数，具体操作步骤如下。

（1）输入公式。选中单元格 C4，输入“=DATEDIF(B4,$G$2,"Y")”，如图 4-32 所示。

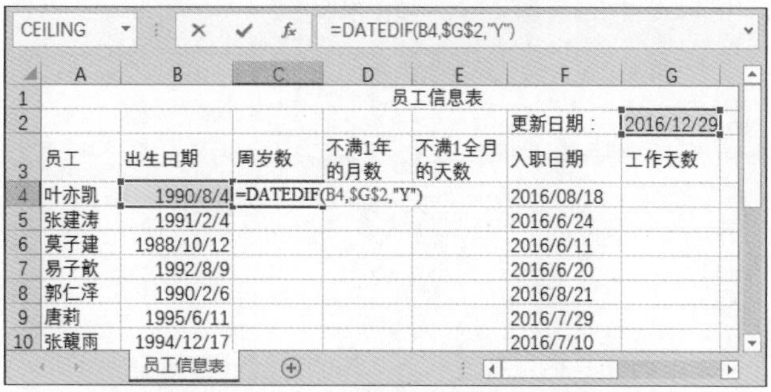
CEILING　=DATEDIF(B4,$G$2,"Y")

	A	B	C	D	E	F	G
1	员工信息表						
2						更新日期：	2016/12/29
3	员工	出生日期	周岁数	不满1年的月数	不满1全月的天数	入职日期	工作天数
4	叶亦凯	1990/8/4	=DATEDIF(B4,$G$2,"Y")			2016/08/18	
5	张建涛	1991/2/4				2016/6/24	
6	莫子建	1988/10/12				2016/6/11	
7	易子歉	1992/8/9				2016/6/20	
8	郭仁泽	1990/2/6				2016/8/21	
9	唐莉	1995/6/11				2016/7/29	
10	张馥雨	1994/12/17				2016/7/10	

员工信息表

图 4-32　输入“=DATEDIF(B4,$G$2,"Y")”

（2）确定公式。按【Enter】键即可计算员工的周岁数，如图 4-33 所示。

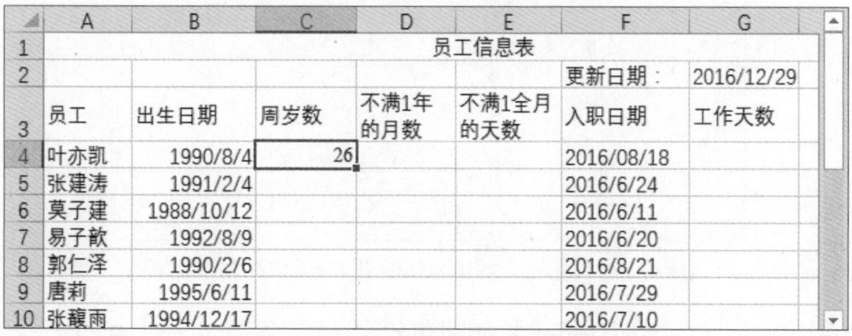

	A	B	C	D	E	F	G
1	员工信息表						
2						更新日期：	2016/12/29
3	员工	出生日期	周岁数	不满1年的月数	不满1全月的天数	入职日期	工作天数
4	叶亦凯	1990/8/4	26			2016/08/18	
5	张建涛	1991/2/4				2016/6/24	
6	莫子建	1988/10/12				2016/6/11	
7	易子歉	1992/8/9				2016/6/20	
8	郭仁泽	1990/2/6				2016/8/21	
9	唐莉	1995/6/11				2016/7/29	
10	张馥雨	1994/12/17				2016/7/10	

图 4-33　计算员工的周岁数

（3）填充公式。单击单元格 C4，移动鼠标指针到单元格 C4 的右下角，当指针变为黑色且加粗的“+”形状时，双击即可计算剩余员工的周岁数，计算结果如图 4-34 所示。

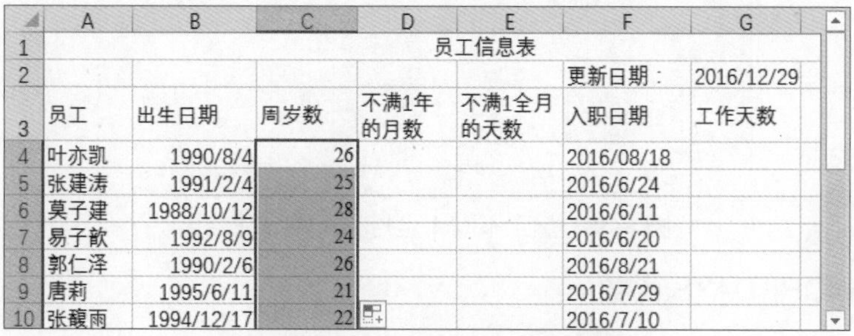

	A	B	C	D	E	F	G
1	员工信息表						
2						更新日期：	2016/12/29
3	员工	出生日期	周岁数	不满1年的月数	不满1全月的天数	入职日期	工作天数
4	叶亦凯	1990/8/4	26			2016/08/18	
5	张建涛	1991/2/4	25			2016/6/24	
6	莫子建	1988/10/12	28			2016/6/11	
7	易子歉	1992/8/9	24			2016/6/20	
8	郭仁泽	1990/2/6	26			2016/8/21	
9	唐莉	1995/6/11	21			2016/7/29	
10	张馥雨	1994/12/17	22			2016/7/10	

图 4-34　员工的周岁数的计算结果

（4）输入公式。选中单元格 D4，输入“=DATEDIF(B4,$G$2,"YM")”，如图 4-35 所示。

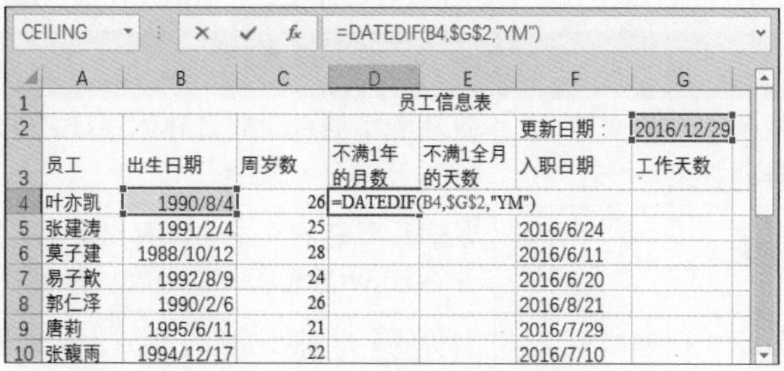
CEILING　=DATEDIF(B4,$G$2,"YM")

	A	B	C	D	E	F	G
1	员工信息表						
2						更新日期：	2016/12/29
3	员工	出生日期	周岁数	不满1年的月数	不满1全月的天数	入职日期	工作天数
4	叶亦凯	1990/8/4	26	=DATEDIF(B4,$G$2,"YM")			
5	张建涛	1991/2/4	25			2016/6/24	
6	莫子建	1988/10/12	28			2016/6/11	
7	易子歉	1992/8/9	24			2016/6/20	
8	郭仁泽	1990/2/6	26			2016/8/21	
9	唐莉	1995/6/11	21			2016/7/29	
10	张馥雨	1994/12/17	22			2016/7/10	

图 4-35　输入“=DATEDIF(B4,$G$2,"YM")”

（5）确定并填充公式。按【Enter】键即可计算员工不满 1 年的月数，然后用填充公式的方式计算剩余员工不满 1 年的月数，计算结果如图 4-36 所示。

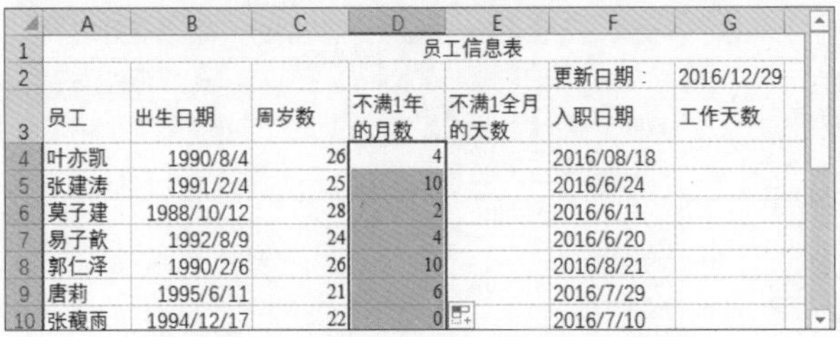

	A	B	C	D	E	F	G
1	员工信息表						
2						更新日期：	2016/12/29
3	员工	出生日期	周岁数	不满1年的月数	不满1全月的天数	入职日期	工作天数
4	叶亦凯	1990/8/4	26	4		2016/08/18	
5	张建涛	1991/2/4	25	10		2016/6/24	
6	莫子建	1988/10/12	28	2		2016/6/11	
7	易子歆	1992/8/9	24	4		2016/6/20	
8	郭仁泽	1990/2/6	26	10		2016/8/21	
9	唐莉	1995/6/11	21	6		2016/7/29	
10	张馥雨	1994/12/17	22	0		2016/7/10	

图 4-36　员工不满 1 年的月数计算结果

（6）输入公式。选中单元格 E4，输入“=DATEDIF(B4,$G$2,"MD")”，如图 4-37 所示。

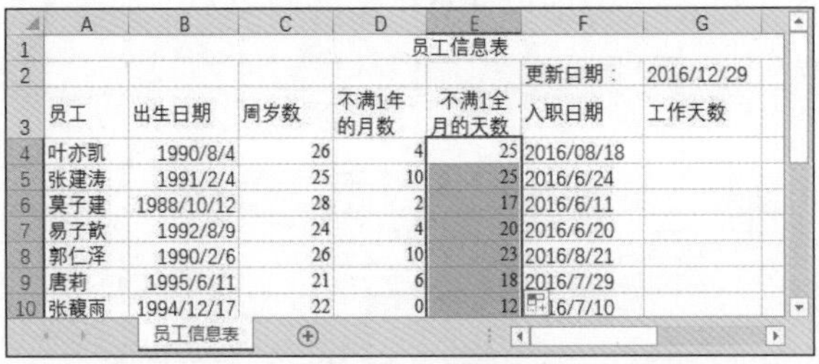

	A	B	C	D	E	F	G
1	员工信息表						
2						更新日期：	2016/12/29
3	员工	出生日期	周岁数	不满1年的月数	不满1全月的天数	入职日期	工作天数
4	叶亦凯	1990/8/4	26	4	25	2016/08/18	
5	张建涛	1991/2/4	25	10	25	2016/6/24	
6	莫子建	1988/10/12	28	2	17	2016/6/11	
7	易子歆	1992/8/9	24	4	20	2016/6/20	
8	郭仁泽	1990/2/6	26	10	23	2016/8/21	
9	唐莉	1995/6/11	21	6	18	2016/7/29	
10	张馥雨	1994/12/17	22	0	12	16/7/10	

员工信息表

图 4-37　输入“=DATEDIF(B4,$G$2,"MD")”

（7）确定并填充公式。按【Enter】键即可计算员工不满 1 全月的天数，然后用填充公式的方式计算剩余的员工不满 1 全月的天数，计算结果如图 4-38 所示。

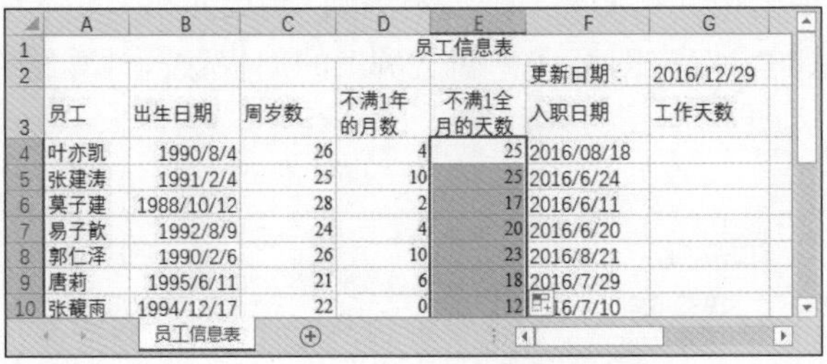

	A	B	C	D	E	F	G
1	员工信息表						
2						更新日期：	2016/12/29
3	员工	出生日期	周岁数	不满1年的月数	不满1全月的天数	入职日期	工作天数
4	叶亦凯	1990/8/4	26	4	25	2016/08/18	
5	张建涛	1991/2/4	25	10	25	2016/6/24	
6	莫子建	1988/10/12	28	2	17	2016/6/11	
7	易子歆	1992/8/9	24	4	20	2016/6/20	
8	郭仁泽	1990/2/6	26	10	23	2016/8/21	
9	唐莉	1995/6/11	21	6	18	2016/7/29	
10	张馥雨	1994/12/17	22	0	12	16/7/10	

员工信息表

图 4-38　员工不满 1 全月的天数计算结果

2. NETWORKDAYS 函数

在 Excel 2016 中用来计算两个日期之间的天数的有 3 种日期和时间函数，即 NETWORKDAYS、DATEVALUE 和 DAYS 函数，如表 4-9 所示。

表 4-9　NETWORKDAYS、DATEVALUE 和 DAYS 函数的对比

函数	日期数据的形式	计算结果
NETWORKDAYS	数值（序列号值）、日期、文本形式	计算除了周六、周日和休息日之外的工作天数，计算结果比另外两个函数小
DATEVALUE	文本形式	从表示日期的文本中计算出表示日期的数值，计算结果大于 NETWORKDAYS 函数、等于 DAYS 函数
DAYS	数值（序列号值）、日期、文本形式	计算两个日期间相差的天数，计算结果大于 NETWORKDAYS 函数、等于 DATEVALUE 函数

NETWORKDAYS 函数可以计算除了周六、周日和休息日之外的工作天数。NETWORKDAYS 函数的使用格式如下。

```
NETWORKDAYS(start_date, end_date, holidays)
```

NETWORKDAYS 函数的参数及其解释如表 4-10 所示。

表 4-10　NETWORKDAYS 函数的参数及其解释

参数	参数解释
start_date	必需。表示起始日期。可以是指定日期的数值（序列号值）或单元格引用。“start_date”的月份被视为“0”进行计算
end_date	必需。表示终止日期。可以是指定序列号值或单元格引用
holidays	可选。表示节日或假日等休息日。可以是指定序列号值、单元格引用和数组常量。当省略了此参数时，就返回除了周六、周日之外的指定期间内的天数

在【员工信息表】工作表中使用 NETWORKDAYS 函数计算员工的工作天数，具体操作步骤如下。

（1）输入法定节假日。在【员工信息表】工作表中输入 2016 年下半年的法定节假日，如图 4-39 所示。

（2）输入公式。选中单元格 G4，输入“=NETWORKDAYS(F4,$G$2,$K$4:$K$16)”，如图 4-40 所示。

（3）确定公式。按【Enter】键即可使用 NETWORKDAYS 函数计算员工的工作天数，效果如图 4-41 所示。

下半年法定节假日	端午节	2016/6/9
		2016/6/10
		2016/6/11
	中秋节	2016/9/15
		2016/9/16
		2016/9/17
	国庆节	2016/10/1
		2016/10/2
		2016/10/3
		2016/10/4
		2016/10/5
		2016/10/6
		2016/10/7

图 4-39　输入 2016 年下半年的法定节假日

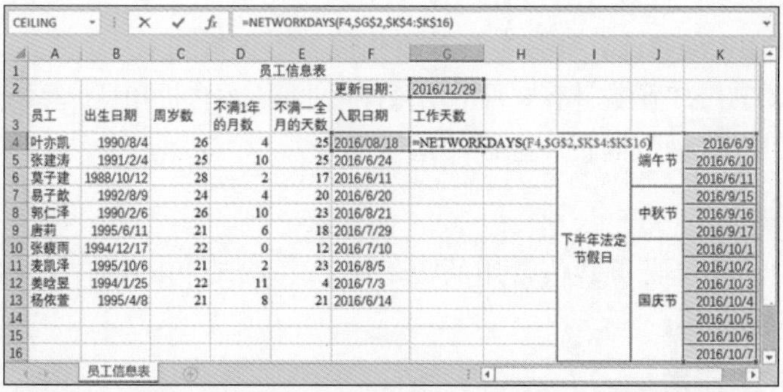

	A	B	C	D	E	F	G	H	I	J	K
1					员工信息表						
2						更新日期:	2016/12/29				
3	员工	出生日期	周岁数	不满1年的月数	不满一全月的天数	入职日期	工作天数				
4	叶亦凯	1990/8/4	26	4	25	2016/08/18	=NETWORKDAYS(F4,$G$2,$K$4:$K$16)		下半年法定节假日	端午节	2016/6/9
5	张建涛	1991/2/4	25	10	25	2016/6/24					2016/6/10
6	莫子建	1988/10/12	28	2	17	2016/6/11					2016/6/11
7	易子歆	1992/8/9	24	4	20	2016/6/20				中秋节	2016/9/15
8	郭仁泽	1990/2/6	26	10	23	2016/8/21					2016/9/16
9	唐莉	1995/6/11	21	6	18	2016/7/29					2016/9/17
10	张馥雨	1994/12/17	22	0	12	2016/7/10				国庆节	2016/10/1
11	麦凯泽	1995/10/6	21	2	23	2016/8/5					2016/10/2
12	姜晗昱	1994/1/25	22	11	4	2016/7/3					2016/10/3
13	杨依萱	1995/4/8	21	8	21	2016/6/14					2016/10/4
14											2016/10/5
15											2016/10/6
16											2016/10/7

图 4-40　输入“=NETWORKDAYS(F4,$G$2,$K$4:$K$16)”

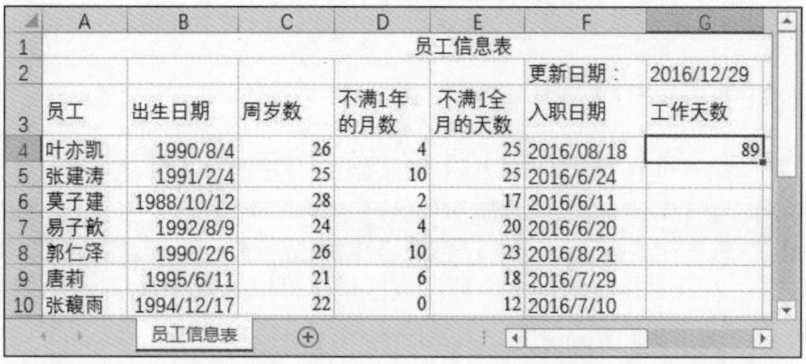

	A	B	C	D	E	F	G
1				员工信息表			
2						更新日期:	2016/12/29
3	员工	出生日期	周岁数	不满1年的月数	不满1全月的天数	入职日期	工作天数
4	叶亦凯	1990/8/4	26	4	25	2016/08/18	89
5	张建涛	1991/2/4	25	10	25	2016/6/24	
6	莫子建	1988/10/12	28	2	17	2016/6/11	
7	易子歆	1992/8/9	24	4	20	2016/6/20	
8	郭仁泽	1990/2/6	26	10	23	2016/8/21	
9	唐莉	1995/6/11	21	6	18	2016/7/29	
10	张馥雨	1994/12/17	22	0	12	2016/7/10	

图 4-41　使用 NETWORKDAYS 函数计算员工的工作天数

（4）填充公式。选中单元格 G4，移动鼠标指针到单元格 G4 的右下角，当指针变为黑色且加粗的"+"形状时，双击即可使用 NETWORKDAYS 函数计算剩余的员工的工作天数，效果如图 4-42 所示。

图 4-42　计算剩余的员工的工作天数

任务 4.4　认识数学函数

任务描述

Excel 2016 中提供了几十个数学函数，以方便用户进行数学方面的各种计算。为了查看 8 月的营业情况，使用数学函数计算某餐饮企业【8 月营业统计】工作表中的营业数据，包括计算折后金额、8 月营业总额和 8 月 1 日营业总额等，并对所需取整的数据进行取整。

任务分析

（1）使用 PRODUCT 函数计算折后金额。

（2）使用 SUM 函数计算 8 月营业总额（不含折扣）。

（3）使用 SUMIF 函数计算 8 月 1 日营业总额（不含折扣）。

（4）使用 QUOTIENT 函数计算 8 月平均每日营业额（不含折扣且计算结果只取整数部分）。

（5）使用 ROUND 函数取折后金额的整数部分。

4.4.1　计算数值

在 Excel 2016 中，计算数值常用的数学函数主要有 PRODUCT、SUM、SUMIF 和 QUOTIENT 等函数。

1. PRODUCT 函数

PRODUCT 函数可以求所有以参数形式给出的数字的乘积，其使用格式如下。

```
PRODUCT(number1, number2, …)
```

PRODUCT 函数的常用参数及其解释如表 4-11 所示。

表 4-11　PRODUCT 函数的常用参数及其解释

参数	参数解释
number1	必需。表示要相乘的第 1 个数字或区域。可以是数字、单元格引用和单元格区域引用
number2, …	可选。表示要相乘的第 2～255 个数字或区域，即可以像 number1 那样最多指定 255 个参数

在【8月营业统计】工作表中使用 PRODUCT 函数计算折后金额，具体操作步骤如下。

（1）输入公式。选中单元格 E2，输入"=PRODUCT(C2,D2)"，如图 4-43 所示。

图 4-43 输入"=PRODUCT(C2,D2)"

（2）确定公式。按【Enter】键即可计算折后金额，然后用填充公式的方式计算剩余的折后金额，如图 4-44 所示。

图 4-44 使用 PRODUCT 函数计算折后金额

2．SUM 函数

SUM 函数是求和函数，可以返回某一单元格区域中数字、逻辑值与数字的文本表达式、直接键入的数字之和。SUM 函数的使用格式如下。

```
SUM(number1, number2, ...)
```

SUM 函数的常用参数及其解释如表 4-12 所示。

表 4-12　SUM 函数的常用参数及其解释

参数	参数解释
number1	必需。表示要相加的第 1 个数字或区域。可以是数字、单元格引用或单元格区域引用，如 4、A6 和 A1:B3
number2,...	可选。表示要相加的第 2~255 个数字或区域，即可以像 number1 那样最多指定 255 个参数

在【8月营业统计】工作表中使用 SUM 函数计算 8 月营业总额（不含折扣），具体操作步骤如下。

（1）输入公式。选中单元格 I1，输入"=SUM(C:C)"，如图 4-45 所示。

图 4-45 输入"=SUM(C:C)"

（2）确定公式。按【Enter】键即可使用 SUM 函数计算 8 月营业总额（不含折扣），计算结果如图 4-46 所示。

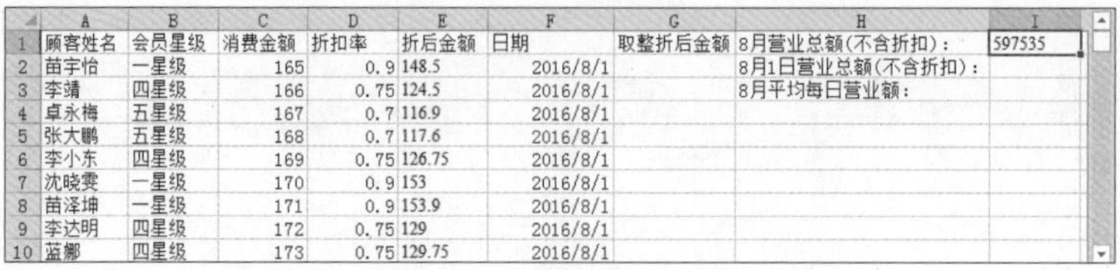

	A	B	C	D	E	F	G	H	I
1	顾客姓名	会员星级	消费金额	折扣率	折后金额	日期	取整折后金额	8月营业总额(不含折扣)：	597535
2	苗宇怡	一星级	165	0.9	148.5	2016/8/1		8月1日营业总额(不含折扣)：	
3	李靖	四星级	166	0.75	124.5	2016/8/1		8月平均每日营业额：	
4	卓永梅	五星级	167	0.7	116.9	2016/8/1			
5	张大鹏	五星级	168	0.7	117.6	2016/8/1			
6	李小东	四星级	169	0.75	126.75	2016/8/1			
7	沈晓雯	一星级	170	0.9	153	2016/8/1			
8	苗泽坤	一星级	171	0.9	153.9	2016/8/1			
9	李达明	四星级	172	0.75	129	2016/8/1			
10	蓝娜	四星级	173	0.75	129.75	2016/8/1			

图 4-46　计算 8 月营业总额（不含折扣）

3．SUMIF 函数

SUMIF 函数是条件求和函数，即根据给定的条件对指定单元格的数值求和。SUMIF 函数的使用格式如下。

```
SUMIF(range,criteria, [sum_range])
```

SUMIF 函数的常用参数及其解释如表 4-13 所示。

表 4-13　SUMIF 函数的常用参数及其解释

参数	参数解释
range	必需。表示根据条件进行计算的单元格区域，即设置条件的单元格区域。区域内的单元格必须是数字、名称、数组或包含数字的引用，空值和文本值将会被忽略
criteria	必需。表示求和的条件。其形式可以是数字、表达式、单元格引用、文本或函数。指定的条件（引用单元格和数字除外）必须用双引号引起来
sum_range	可选。表示实际求和的单元格区域。如果省略此参数，那么 Excel 2016 会将 range 参数中指定的单元格区域设为实际求和区域

在 criteria 参数中还可以使用通配符（星号“*”、问号“?”和波形符“～”），通配符解释如表 4-14 所示。

表 4-14　通配符解释

通配符	作用	示例	示例说明
星号“*”	匹配任意一串字节	李*	任意以“李”开头的文本
		*星级	任意以“星级”结尾的文本
问号“?”	匹配任意单个字符	李？？	“李”后面一定是两个字符的文本
		？星级	“星级”前面一定是一个字符的文本
波形符“～”	指定不将“*”和“?”视为通配符看待	李～*	“*”就是代表字符，不再有通配符的作用

在【8 月营业统计】工作表中使用 SUMIF 函数计算 8 月 1 日营业总额（不含折扣），具体操作步骤如下。

（1）输入公式。选中单元格 I2，输入“=SUMIF(F:F,"2016/8/1",C:C)”，如图 4-47 所示。

（2）确定公式。按【Enter】键即可使用 SUMIF 函数计算 8 月 1 日营业总额（不含折扣），计算结果如图 4-48 所示。

图 4-47　输入"=SUMIF(F:F,"2016/8/1",C:C)"

图 4-48　计算 8 月 1 日营业总额（不含折扣）

4．QUOTIENT 函数

QUOTIENT 函数的作用是计算并返回除法的整数部分。QUOTIENT 函数的使用格式如下。

```
QUOTIENT(numerator, denominator)
```

QUOTIENT 函数的常用参数及其解释如表 4-15 所示。

表 4-15　QUOTIENT 函数的常用参数及其解释

参数	参数解释
numerator	必需。表示被除数。其形式可以是数字、单元格引用或单元格区域引用
denominator	必需。表示除数。其形式可以是数字、单元格引用或单元格区域引用

在【8 月营业统计】工作表中使用 QUOTIENT 函数计算 8 月平均每日营业额（不含折扣且计算结果只取整数部分），具体操作步骤如下。

（1）输入公式。选中单元格 I3，输入"=QUOTIENT(I1,31)"，如图 4-49 所示。

图 4-49　输入"=QUOTIENT(I1,31)"

（2）确定公式。按【Enter】键即可使用 QUOTIENT 函数计算 8 月平均每日营业额，计算结果如图 4-50 所示。

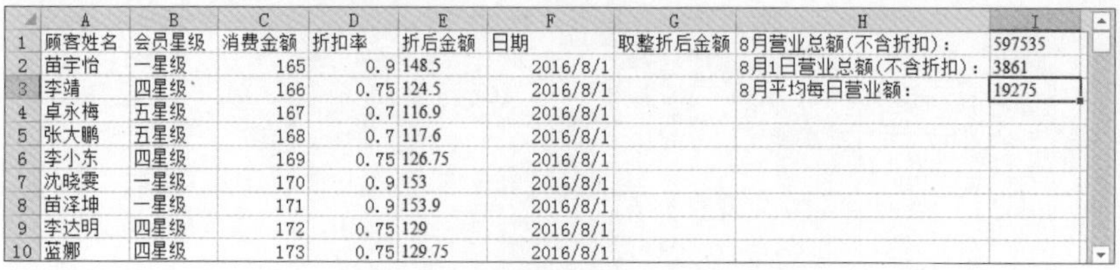

	A	B	C	D	E	F	G	H	I
1	顾客姓名	会员星级	消费金额	折扣率	折后金额	日期	取整折后金额	8月营业总额(不含折扣)：	597535
2	苗宇怡	一星级	165	0.9	148.5	2016/8/1		8月1日营业总额(不含折扣)：	3861
3	李靖	四星级	166	0.75	124.5	2016/8/1		8月平均每日营业额：	19275
4	卓永梅	五星级	167	0.7	116.9	2016/8/1			
5	张大鹏	五星级	168	0.7	117.6	2016/8/1			
6	李小东	四星级	169	0.75	126.75	2016/8/1			
7	沈晓雯	一星级	170	0.9	153	2016/8/1			
8	苗泽坤	一星级	171	0.9	153.9	2016/8/1			
9	李达明	四星级	172	0.75	129	2016/8/1			
10	蓝娜	四星级	173	0.75	129.75	2016/8/1			

图 4-50　8 月平均每日营业额

4.4.2　取整数值

在 Excel 2016 中可以用于取整的函数有 ROUND、INT、FLOOP 和 CEILING 函数，本小节主要介绍 ROUND 函数。ROUND 函数可以将数值四舍五入到指定的位数。ROUND 函数的使用格式如下。

```
ROUND(number, num_digits)
```

ROUND 函数的常用参数及其解释如表 4-16 所示。

表 4-16　ROUND 函数的常用参数及其解释

参数	参数解释
number	必需。表示要四舍五入的数值
num_digits	必需。表示要进行四舍五入运算的位数

在【8 月营业统计】工作表中使用 ROUND 函数对折后金额进行四舍五入到整数位置，具体操作步骤如下。

（1）输入公式。选中单元格 G2，输入“=ROUND(E2,0)”，如图 4-51 所示。

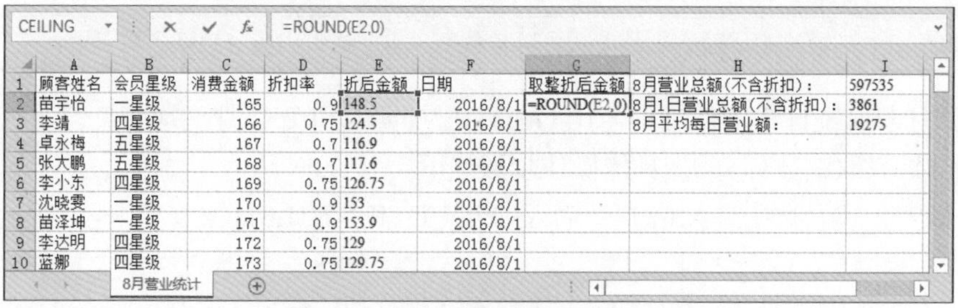

CEILING　=ROUND(E2,0)

	A	B	C	D	E	F	G	H	I
1	顾客姓名	会员星级	消费金额	折扣率	折后金额	日期	取整折后金额	8月营业总额(不含折扣)：	597535
2	苗宇怡	一星级	165	0.9	148.5	2016/8/1	=ROUND(E2,0)	8月1日营业总额(不含折扣)：	3861
3	李靖	四星级	166	0.75	124.5	2016/8/1		8月平均每日营业额：	19275
4	卓永梅	五星级	167	0.7	116.9	2016/8/1			
5	张大鹏	五星级	168	0.7	117.6	2016/8/1			
6	李小东	四星级	169	0.75	126.75	2016/8/1			
7	沈晓雯	一星级	170	0.9	153	2016/8/1			
8	苗泽坤	一星级	171	0.9	153.9	2016/8/1			
9	李达明	四星级	172	0.75	129	2016/8/1			
10	蓝娜	四星级	173	0.75	129.75	2016/8/1			

8月营业统计

图 4-51　输入“=ROUND(E2,0)”

（2）确定公式。按【Enter】键即可对折后金额四舍五入到整数位置，然后用填充公式的方式对剩余的折后金额四舍五入到整数位置，如图 4-52 所示。

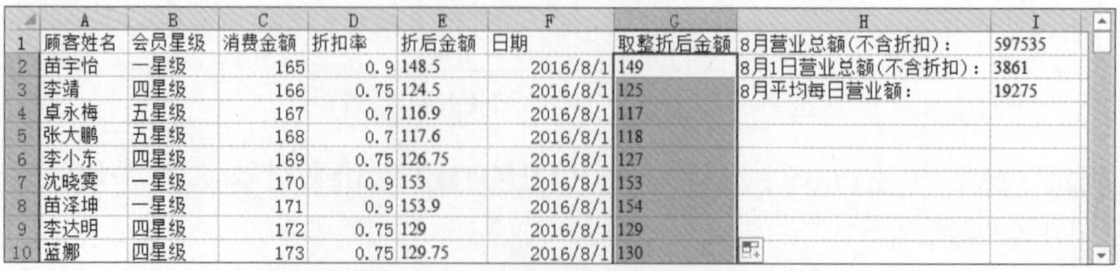

	A	B	C	D	E	F	G	H	I
1	顾客姓名	会员星级	消费金额	折扣率	折后金额	日期	取整折后金额	8月营业总额(不含折扣)：	597535
2	苗宇怡	一星级	165	0.9	148.5	2016/8/1	149	8月1日营业总额(不含折扣)：	3861
3	李靖	四星级	166	0.75	124.5	2016/8/1	125	8月平均每日营业额：	19275
4	卓永梅	五星级	167	0.7	116.9	2016/8/1	117		
5	张大鹏	五星级	168	0.7	117.6	2016/8/1	118		
6	李小东	四星级	169	0.75	126.75	2016/8/1	127		
7	沈晓雯	一星级	170	0.9	153	2016/8/1	153		
8	苗泽坤	一星级	171	0.9	153.9	2016/8/1	154		
9	李达明	四星级	172	0.75	129	2016/8/1	129		
10	蓝娜	四星级	173	0.75	129.75	2016/8/1	130		

图 4-52　对折后金额四舍五入到整数位置

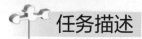

任务 4.5 认识统计函数

任务描述

统计函数一般用于对数据区域进行统计分析。为了解各会员在 8 月的消费情况，对某餐饮企业所有店铺的 8 月订单信息进行统计分析，包括统计 8 月的订单数，计算 8 月平均每日的营业额，计算消费金额的最大值、最小值和众数，计算消费金额在一定区域内出现的频率等指标，对订单信息进行统计分析。

任务分析

（1）使用 COUNT 函数统计 8 月订单数。

（2）使用 COUNTIF 函数统计 8 月 1 日订单数。

（3）使用 AVERAGE 函数计算 8 月平均每个订单的消费金额。

（4）使用 AVERAGEIF 函数计算盐田分店的 8 月平均每个订单的消费金额。

（5）使用 MAX 函数计算消费金额的最大值。

（6）使用 LARGE 函数计算消费金额的第二大值。

（7）使用 MIN 函数计算消费金额的最小值。

（8）使用 SMALL 函数计算消费金额的第二小值。

（9）使用 MODE.SNGL 函数计算消费金额的众数。

（10）使用 FREQUENCY 函数计算消费金额在给定区域（【8 月订单信息】工作表单元格区域 I2:I5）出现的频率。

4.5.1 统计个数

在 Excel 2016 中，统计符合条件的单元格个数的常用统计函数有 2 个：COUNT 函数和 COUNTIF 函数。

1. COUNT 函数

COUNT 函数可以统计包含数字的单元格个数以及参数列表中数字的个数，其使用格式如下。

```
COUNT(value1, value2, ...)
```

COUNT 函数的常用参数及其解释如表 4-17 所示。

表 4-17　COUNT 函数的常用参数及其解释

参数	参数解释
value1	必需。表示要计算其中数字的个数的第 1 项。可以是数组、单元格引用或区域。只有数字类型的数据才会被计算，如数字、日期或代表数字的文本（如 "1"）
value2,...	可选。表示要计算其中数字的个数的第 2～255 项，即可以像参数 value1 那样最多指定 255 个参数

在【8 月订单信息】工作表中使用 COUNT 函数统计 8 月订单数，具体操作步骤如下。

（1）输入公式。选中单元格 H1，输入“=COUNT(D:D)”，如图 4-53 所示。

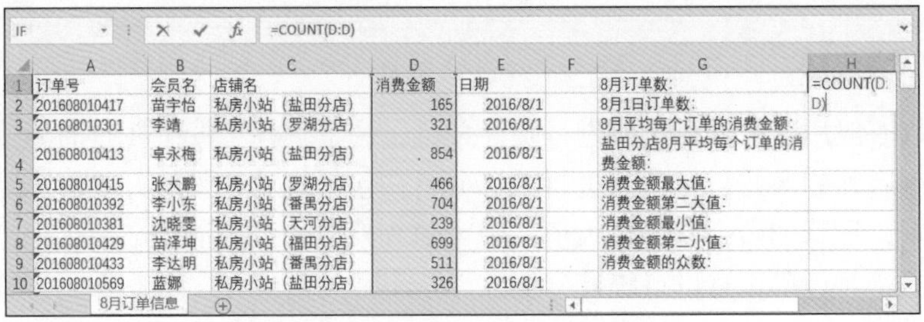

IF =COUNT(D:D)

	A	B	C	D	E	F	G	H
1	订单号	会员名	店铺名	消费金额	日期		8月订单数:	=COUNT(D:D)
2	201608010417	苗宇怡	私房小站（盐田分店）	165	2016/8/1		8月1日订单数:	
3	201608010301	李靖	私房小站（罗湖分店）	321	2016/8/1		8月平均每个订单的消费金额:	
4	201608010413	卓永梅	私房小站（盐田分店）	854	2016/8/1		盐田分店8月平均每个订单的消费金额:	
5	201608010415	张大鹏	私房小站（罗湖分店）	466	2016/8/1		消费金额最大值:	
6	201608010392	李小东	私房小站（番禺分店）	704	2016/8/1		消费金额第二大值:	
7	201608010381	沈晓雯	私房小站（天河分店）	239	2016/8/1		消费金额最小值:	
8	201608010429	苗泽坤	私房小站（福田分店）	699	2016/8/1		消费金额第二小值:	
9	201608010433	李达明	私房小站（番禺分店）	511	2016/8/1		消费金额的众数:	
10	201608010569	蓝娜	私房小站（盐田分店）	326	2016/8/1			

8月订单信息

图 4-53　输入“=COUNT(D:D)”

（2）确定公式。按【Enter】键即可使用 COUNT 函数统计 8 月订单数，统计结果如图 4-54 所示。

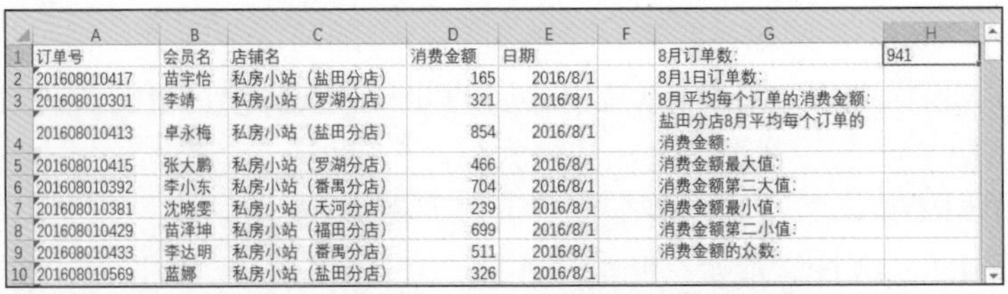

	A	B	C	D	E	F	G	H
1	订单号	会员名	店铺名	消费金额	日期		8月订单数:	941
2	201608010417	苗宇怡	私房小站（盐田分店）	165	2016/8/1		8月1日订单数:	
3	201608010301	李靖	私房小站（罗湖分店）	321	2016/8/1		8月平均每个订单的消费金额:	
4	201608010413	卓永梅	私房小站（盐田分店）	854	2016/8/1		盐田分店8月平均每个订单的消费金额:	
5	201608010415	张大鹏	私房小站（罗湖分店）	466	2016/8/1		消费金额最大值:	
6	201608010392	李小东	私房小站（番禺分店）	704	2016/8/1		消费金额第二大值:	
7	201608010381	沈晓雯	私房小站（天河分店）	239	2016/8/1		消费金额最小值:	
8	201608010429	苗泽坤	私房小站（福田分店）	699	2016/8/1		消费金额第二小值:	
9	201608010433	李达明	私房小站（番禺分店）	511	2016/8/1		消费金额的众数:	
10	201608010569	蓝娜	私房小站（盐田分店）	326	2016/8/1			

图 4-54　使用 COUNT 函数统计 8 月订单数

2. COUNTIF 函数

COUNTIF 函数可以统计满足某个条件的单元格的数量，其使用格式如下。

```
COUNTIF(range, criteria)
```

COUNTIF 函数的常用参数及其解释如表 4-18 所示。

表 4-18　COUNTIF 函数的常用参数及其解释

参数	参数解释
range	必需。表示要查找的单元格区域
criteria	必需。表示查找的条件。可以是数字、表达值或文本

在【8 月订单信息】工作表中使用 COUNTIF 函数统计 8 月 1 日订单数，具体操作步骤如下。

（1）输入公式。选中单元格 H2，输入“=COUNTIF(E:E,"2016/8/1")”，如图 4-55 所示。

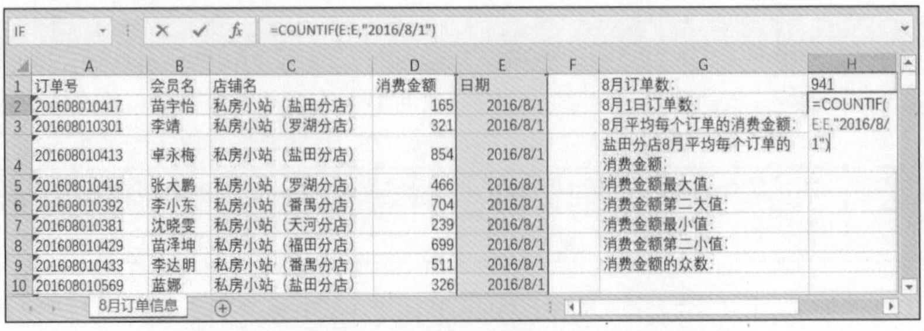

IF =COUNTIF(E:E,"2016/8/1")

	A	B	C	D	E	F	G	H
1	订单号	会员名	店铺名	消费金额	日期		8月订单数:	941
2	201608010417	苗宇怡	私房小站（盐田分店）	165	2016/8/1		8月1日订单数:	=COUNTIF(E:E,"2016/8/1")
3	201608010301	李靖	私房小站（罗湖分店）	321	2016/8/1		8月平均每个订单的消费金额:	
4	201608010413	卓永梅	私房小站（盐田分店）	854	2016/8/1		盐田分店8月平均每个订单的消费金额:	
5	201608010415	张大鹏	私房小站（罗湖分店）	466	2016/8/1		消费金额最大值:	
6	201608010392	李小东	私房小站（番禺分店）	704	2016/8/1		消费金额第二大值:	
7	201608010381	沈晓雯	私房小站（天河分店）	239	2016/8/1		消费金额最小值:	
8	201608010429	苗泽坤	私房小站（福田分店）	699	2016/8/1		消费金额第二小值:	
9	201608010433	李达明	私房小站（番禺分店）	511	2016/8/1		消费金额的众数:	
10	201608010569	蓝娜	私房小站（盐田分店）	326	2016/8/1			

8月订单信息

图 4-55　输入“=COUNTIF(E:E,"2016/8/1")”

（2）确定公式。按【Enter】键即可使用 COUNTIF 函数统计 8 月 1 日订单数，统计结果如图 4-56 所示。

图 4-56　使用 COUNTIF 函数统计 8 月 1 日订单数

4.5.2　计算平均值

在 Excel 2016 中，计算数据的算术平均值的统计函数常用的有 2 个：AVERAGE 函数和 AVERAGEIF 函数。

1. AVERAGE 函数

AVERAGE 函数可以计算数据的平均值（算术平均值），其使用格式如下。

```
AVERAGE(number1, number2, ...)
```

AVERAGE 函数的常用参数及其解释如表 4-19 所示。

表 4-19　AVERAGE 函数的常用参数及其解释

参数	参数解释
number1	必需。表示要计算平均值的第 1 个数字、单元格引用或单元格区域
number2,...	可选。表示要计算平均值的第 2～255 个数字、单元格引用或单元格区域，最多可包含 255 个

在【8 月订单信息】工作表中使用 AVERAGE 函数计算 8 月平均每个订单的消费金额，具体操作步骤如下。

（1）输入公式。选中单元格 H3，输入 "=AVERAGE(D:D)"，如图 4-57 所示。

图 4-57　输入 "=AVERAGE(D:D)"

（2）确定公式。按【Enter】键即可使用 AVERAGE 函数计算 8 月平均每个订单的消费金额，计算结果如图 4-58 所示。

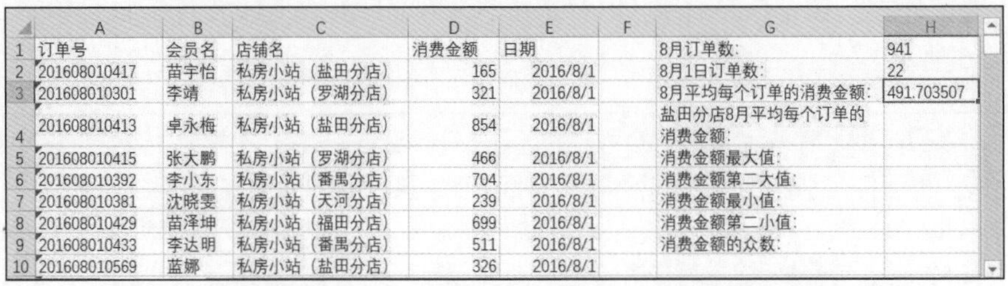

	A	B	C	D	E	F	G	H
1	订单号	会员名	店铺名	消费金额	日期		8月订单数:	941
2	201608010417	苗宇怡	私房小站（盐田分店）	165	2016/8/1		8月1日订单数:	22
3	201608010301	李靖	私房小站（罗湖分店）	321	2016/8/1		8月平均每个订单的消费金额:	491.703507
4	201608010413	卓永梅	私房小站（盐田分店）	854	2016/8/1		盐田分店8月平均每个订单的消费金额:	
5	201608010415	张大鹏	私房小站（罗湖分店）	466	2016/8/1		消费金额最大值:	
6	201608010392	李小东	私房小站（番禺分店）	704	2016/8/1		消费金额第二大值:	
7	201608010381	沈晓雯	私房小站（天河分店）	239	2016/8/1		消费金额最小值:	
8	201608010429	苗泽坤	私房小站（福田分店）	699	2016/8/1		消费金额第二小值:	
9	201608010433	李达明	私房小站（番禺分店）	511	2016/8/1		消费金额的众数:	
10	201608010569	蓝娜	私房小站（盐田分店）	326	2016/8/1			

图 4-58　使用 AVERAGE 函数计算 8 月平均每个订单的消费金额

2. AVERAGEIF 函数

AVERAGEIF 函数可以计算某个区域内满足给定条件的所有单元格的平均值（算术平均值）。AVERAGEIF 函数的使用格式如下。

```
AVERAGEIF(range, criteria, average_range)
```

AVERAGEIF 函数的常用参数及其解释如表 4-20 所示。

表 4-20　AVERAGEIF 函数的常用参数及其解释

参数	参数解释
range	必需。表示要计算平均值的一个或多个单元格（即要判断条件的区域），其中包含数字或包含数字的名称、数组或引用
criteria	必需。表示给定的条件。可以是数字、表达式、单元格引用或文本形式的条件
average_range	可选。表示要计算平均值的实际单元格区域。若省略此参数，则使用 range 参数指定的单元格区域

在【8 月订单信息】工作表中使用 AVERAGEIF 函数计算盐田分店的 8 月平均每个订单的消费金额，具体操作步骤如下。

（1）输入公式。选中单元格 H4，输入“=AVERAGEIF(C:C,"私房小站(盐田分店)",D:D)”，如图 4-59 所示。

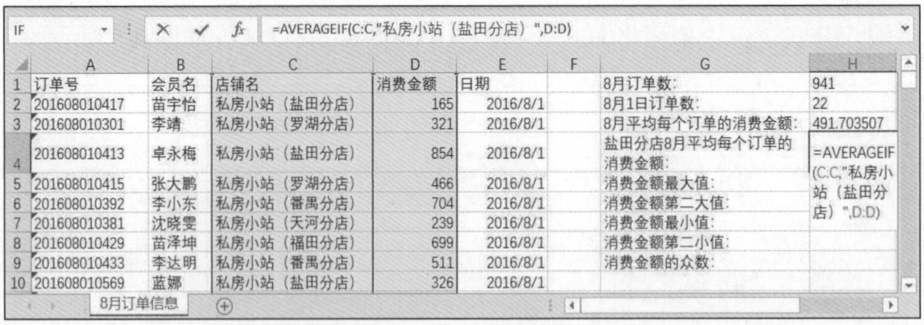

	A	B	C	D	E	F	G	H
1	订单号	会员名	店铺名	消费金额	日期		8月订单数:	941
2	201608010417	苗宇怡	私房小站（盐田分店）	165	2016/8/1		8月1日订单数:	22
3	201608010301	李靖	私房小站（罗湖分店）	321	2016/8/1		8月平均每个订单的消费金额:	491.703507
4	201608010413	卓永梅	私房小站（盐田分店）	854	2016/8/1		盐田分店8月平均每个订单的消费金额:	=AVERAGEIF(C:C,"私房小站（盐田分店）",D:D)
5	201608010415	张大鹏	私房小站（罗湖分店）	466	2016/8/1		消费金额最大值:	
6	201608010392	李小东	私房小站（番禺分店）	704	2016/8/1		消费金额第二大值:	
7	201608010381	沈晓雯	私房小站（天河分店）	239	2016/8/1		消费金额最小值:	
8	201608010429	苗泽坤	私房小站（福田分店）	699	2016/8/1		消费金额第二小值:	
9	201608010433	李达明	私房小站（番禺分店）	511	2016/8/1		消费金额的众数:	
10	201608010569	蓝娜	私房小站（盐田分店）	326	2016/8/1			

图 4-59　输入“=AVERAGEIF(C:C,"私房小站（盐田分店）",D:D)”

（2）确定公式。按【Enter】键即可使用 AVERAGEIF 函数计算盐田分店的 8 月平均每个订单的消费金额，计算结果如图 4-60 所示。

图 4-60 使用 AVERAGEIF 函数计算盐田分店的 8 月平均每个订单的消费金额

4.5.3 计算最大值和最小值等

在 Excel 2016 中，使用 MAX 函数可以求出数据的最大值，使用 LARGE 函数可以求出数据的第二大值。同样，使用 MIN 函数和 SMALL 函数分别可以求得数据中的最小值和第二小值。

1. MAX 函数

MAX 函数可以返回一组数值中的最大值，其使用格式如下。

```
MAX(number1, number2, ...)
```

MAX 函数的常用参数及其解释如表 4-21 所示。

表 4-21　MAX 函数的常用参数及其解释

参数	参数解释
number1	必需。表示要查找最大值的第 1 个数字参数，可以是数字、数组或单元格引用
number2,...	可选。表示要查找最大值的第 2~255 个数字参数，即可以像参数 number1 那样最多指定 255 个参数

在【8 月订单信息】工作表中使用 MAX 函数计算消费金额的最大值，具体操作步骤如下。

（1）输入公式。选中单元格 H5，输入 "=MAX(D:D)"，如图 4-61 所示。

图 4-61　输入 "=MAX(D:D)"

（2）确定公式。按【Enter】键即可使用 MAX 函数计算消费金额的最大值，计算结果如图 4-62 所示。

2. LARGE 函数

LARGE 函数可以返回数据组中第 *k* 个最大值，其使用格式如下。

```
LARGE(array, k)
```

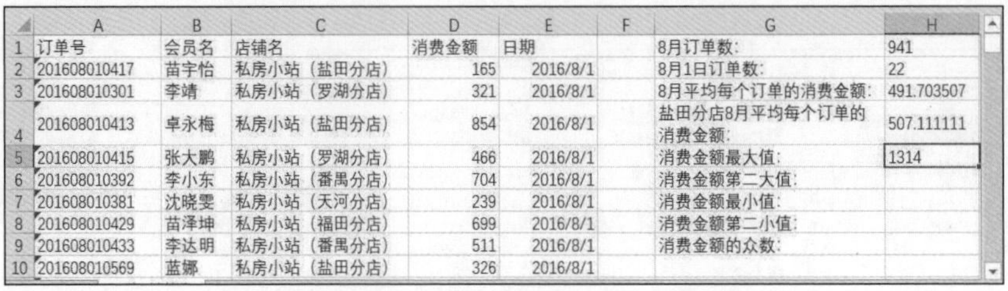

	A	B	C	D	E	F	G	H
1	订单号	会员名	店铺名	消费金额	日期		8月订单数:	941
2	201608010417	苗宇怡	私房小站（盐田分店）	165	2016/8/1		8月1日订单数:	22
3	201608010301	李靖	私房小站（罗湖分店）	321	2016/8/1		8月平均每个订单的消费金额:	491.703507
4	201608010413	卓永梅	私房小站（盐田分店）	854	2016/8/1		盐田分店8月平均每个订单的消费金额:	507.111111
5	201608010415	张大鹏	私房小站（罗湖分店）	466	2016/8/1		消费金额最大值:	1314
6	201608010392	李小东	私房小站（番禺分店）	704	2016/8/1		消费金额第二大值:	
7	201608010381	沈晓雯	私房小站（天河分店）	239	2016/8/1		消费金额最小值:	
8	201608010429	苗泽坤	私房小站（福田分店）	699	2016/8/1		消费金额第二小值:	
9	201608010433	李达明	私房小站（番禺分店）	511	2016/8/1		消费金额的众数:	
10	201608010569	蓝娜	私房小站（盐田分店）	326	2016/8/1			

图 4-62　计算消费金额的最大值

LARGE 函数的常用参数及其解释如表 4-22 所示。

表 4-22　LARGE 函数的常用参数及其解释

参数	参数解释
array	必需。表示需要查找的第 k 个最大值的数组或数据区域
k	必需。表示返回值在数组或数据单元格区域中的位置（从大到小排列）

在【8 月订单信息】工作表中使用 LARGE 函数计算消费金额的第二大值，具体操作步骤如下。

（1）输入公式。选中单元格 H6，输入“=LARGE(D:D,2)”，如图 4-63 所示。

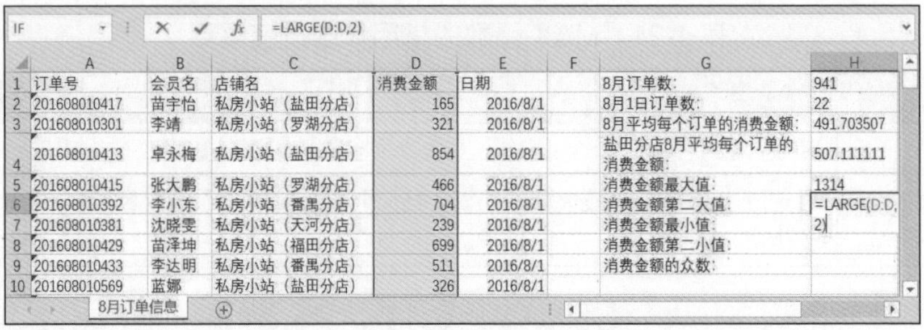

	A	B	C	D	E	F	G	H
1	订单号	会员名	店铺名	消费金额	日期		8月订单数:	941
2	201608010417	苗宇怡	私房小站（盐田分店）	165	2016/8/1		8月1日订单数:	22
3	201608010301	李靖	私房小站（罗湖分店）	321	2016/8/1		8月平均每个订单的消费金额:	491.703507
4	201608010413	卓永梅	私房小站（盐田分店）	854	2016/8/1		盐田分店8月平均每个订单的消费金额:	507.111111
5	201608010415	张大鹏	私房小站（罗湖分店）	466	2016/8/1		消费金额最大值:	1314
6	201608010392	李小东	私房小站（番禺分店）	704	2016/8/1		消费金额第二大值:	=LARGE(D:D,2)
7	201608010381	沈晓雯	私房小站（天河分店）	239	2016/8/1		消费金额最小值:	
8	201608010429	苗泽坤	私房小站（福田分店）	699	2016/8/1		消费金额第二小值:	
9	201608010433	李达明	私房小站（番禺分店）	511	2016/8/1		消费金额的众数:	
10	201608010569	蓝娜	私房小站（盐田分店）	326	2016/8/1			

图 4-63　输入“=LARGE(D:D,2)”

（2）确定公式。按【Enter】键即可使用 LARGE 函数计算消费金额的第二大值，计算结果如图 4-64 所示。

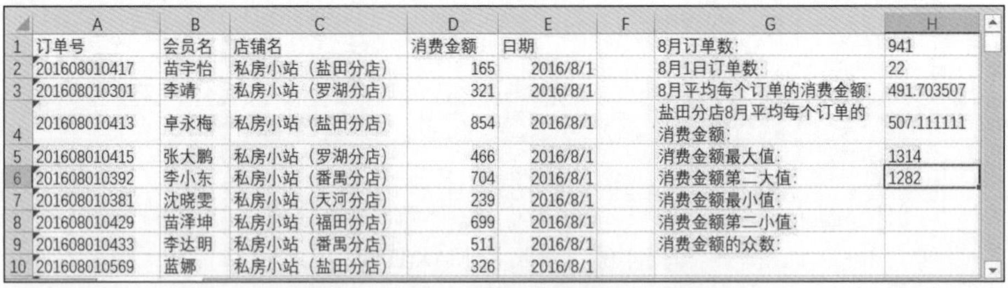

	A	B	C	D	E	F	G	H
1	订单号	会员名	店铺名	消费金额	日期		8月订单数:	941
2	201608010417	苗宇怡	私房小站（盐田分店）	165	2016/8/1		8月1日订单数:	22
3	201608010301	李靖	私房小站（罗湖分店）	321	2016/8/1		8月平均每个订单的消费金额:	491.703507
4	201608010413	卓永梅	私房小站（盐田分店）	854	2016/8/1		盐田分店8月平均每个订单的消费金额:	507.111111
5	201608010415	张大鹏	私房小站（罗湖分店）	466	2016/8/1		消费金额最大值:	1314
6	201608010392	李小东	私房小站（番禺分店）	704	2016/8/1		消费金额第二大值:	1282
7	201608010381	沈晓雯	私房小站（天河分店）	239	2016/8/1		消费金额最小值:	
8	201608010429	苗泽坤	私房小站（福田分店）	699	2016/8/1		消费金额第二小值:	
9	201608010433	李达明	私房小站（番禺分店）	511	2016/8/1		消费金额的众数:	
10	201608010569	蓝娜	私房小站（盐田分店）	326	2016/8/1			

图 4-64　计算消费金额的第二大值

3. MIN 函数

MIN 函数可以返回一组数值中的最小值，其使用格式如下。

```
MIN(number1,number2,...)
```

MIN 函数的常用参数及其解释如表 4-23 所示。

表 4-23　MIN 函数的常用参数及其解释

参数	参数解释
number1	必需。表示要查找最小值的第 1 个数字参数，可以是数字、数组或单元格引用
number2,...	可选。表示要查找最小值的第 2～255 个数字参数，即可以像参数 number1 那样最多指定 255 个参数

在【8 月订单信息】工作表中使用 MIN 函数计算消费金额的最小值，具体操作步骤如下。

（1）输入公式。选中单元格 H7，输入“=MIN(D:D)”，如图 4-65 所示。

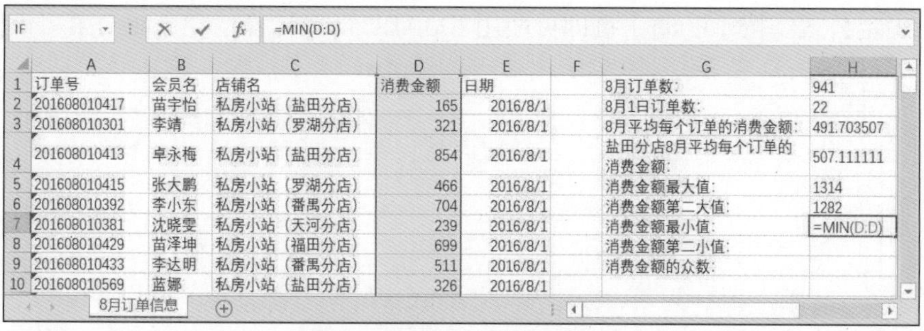
IF　=MIN(D:D)

	A	B	C	D	E	F	G	H
1	订单号	会员名	店铺名	消费金额	日期		8月订单数:	941
2	201608010417	苗宇怡	私房小站（盐田分店）	165	2016/8/1		8月1日订单数:	22
3	201608010301	李靖	私房小站（罗湖分店）	321	2016/8/1		8月平均每个订单的消费金额:	491.703507
4	201608010413	卓永梅	私房小站（盐田分店）	854	2016/8/1		盐田分店8月平均每个订单的消费金额:	507.111111
5	201608010415	张大鹏	私房小站（罗湖分店）	466	2016/8/1		消费金额最大值:	1314
6	201608010392	李小东	私房小站（番禺分店）	704	2016/8/1		消费金额第二大值:	1282
7	201608010381	沈晓雯	私房小站（天河分店）	239	2016/8/1		消费金额最小值:	=MIN(D:D)
8	201608010429	苗泽坤	私房小站（福田分店）	699	2016/8/1		消费金额第二小值:	
9	201608010433	李达明	私房小站（番禺分店）	511	2016/8/1		消费金额的众数:	
10	201608010569	蓝娜	私房小站（盐田分店）	326	2016/8/1			

8月订单信息

图 4-65　输入“=MIN(D:D)”

（2）确定公式。按【Enter】键即可使用 MIN 函数计算消费金额的最小值，计算结果如图 4-66 所示。

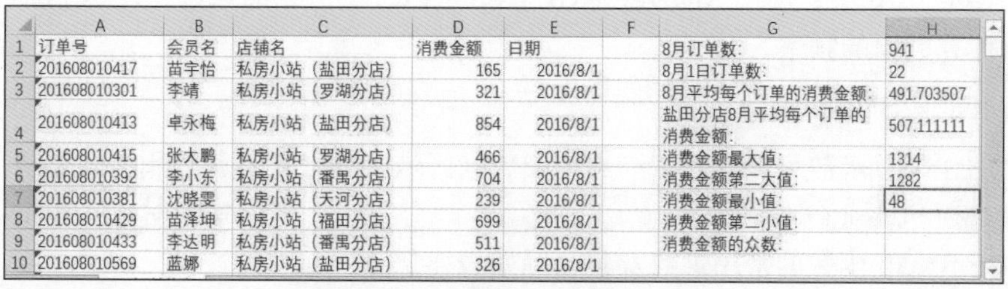

	A	B	C	D	E	F	G	H
1	订单号	会员名	店铺名	消费金额	日期		8月订单数:	941
2	201608010417	苗宇怡	私房小站（盐田分店）	165	2016/8/1		8月1日订单数:	22
3	201608010301	李靖	私房小站（罗湖分店）	321	2016/8/1		8月平均每个订单的消费金额:	491.703507
4	201608010413	卓永梅	私房小站（盐田分店）	854	2016/8/1		盐田分店8月平均每个订单的消费金额:	507.111111
5	201608010415	张大鹏	私房小站（罗湖分店）	466	2016/8/1		消费金额最大值:	1314
6	201608010392	李小东	私房小站（番禺分店）	704	2016/8/1		消费金额第二大值:	1282
7	201608010381	沈晓雯	私房小站（天河分店）	239	2016/8/1		消费金额最小值:	48
8	201608010429	苗泽坤	私房小站（福田分店）	699	2016/8/1		消费金额第二小值:	
9	201608010433	李达明	私房小站（番禺分店）	511	2016/8/1		消费金额的众数:	
10	201608010569	蓝娜	私房小站（盐田分店）	326	2016/8/1			

图 4-66　计算消费金额的最小值

4. SMALL 函数

SMALL 函数可以返回数据组中的第 *k* 个最小值，其使用格式如下。

```
SMALL(array, k)
```

SMALL 函数的常用参数及其解释如表 4-24 所示。

表 4-24　SMALL 函数的常用参数及其解释

参数	参数解释
array	必需。表示需要查找的第 *k* 个最小值的数组或数据区域
k	必需。表示返回值在数组或数据单元格区域中的位置（从小到大排列）

在【8 月订单信息】工作表中使用 SMALL 函数计算消费金额的第二小值，具体操作步骤如下。

（1）输入公式。选中单元格 H8，输入“=SMALL(D:D,2)”，如图 4-67 所示。

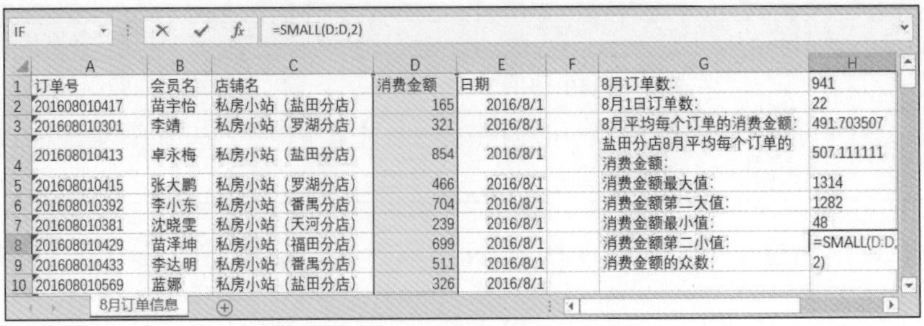

IF =SMALL(D:D,2)

	A	B	C	D	E	F	G	H
1	订单号	会员名	店铺名	消费金额	日期		8月订单数:	941
2	201608010417	苗宇怡	私房小站（盐田分店）	165	2016/8/1		8月1日订单数:	22
3	201608010301	李靖	私房小站（罗湖分店）	321	2016/8/1		8月平均每个订单的消费金额:	491.703507
4	201608010413	卓永梅	私房小站（盐田分店）	854	2016/8/1		盐田分店8月平均每个订单的消费金额:	507.111111
5	201608010415	张大鹏	私房小站（罗湖分店）	466	2016/8/1		消费金额最大值:	1314
6	201608010392	李小东	私房小站（番禺分店）	704	2016/8/1		消费金额第二大值:	1282
7	201608010381	沈晓雯	私房小站（天河分店）	239	2016/8/1		消费金额最小值:	48
8	201608010429	苗泽坤	私房小站（福田分店）	699	2016/8/1		消费金额第二小值:	=SMALL(D:D,2)
9	201608010433	李达明	私房小站（番禺分店）	511	2016/8/1		消费金额的众数:	
10	201608010569	蓝娜	私房小站（盐田分店）	326	2016/8/1			

8月订单信息

图 4-67　输入“=SMALL(D:D,2)”

（2）确定公式。按【Enter】键即可使用 SMALL 函数计算消费金额的第二小值，计算结果如图 4-68 所示。

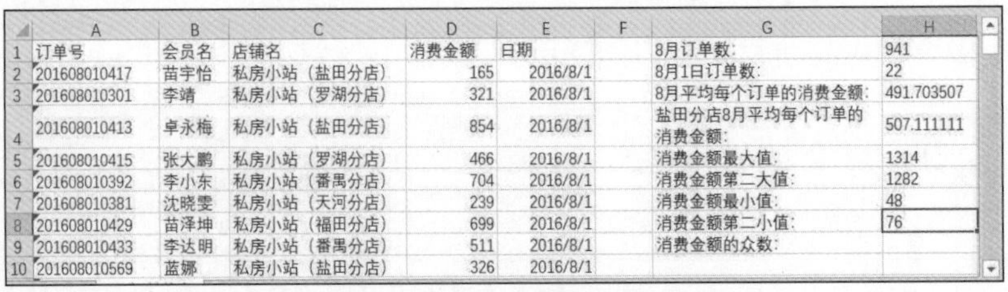

	A	B	C	D	E	F	G	H
1	订单号	会员名	店铺名	消费金额	日期		8月订单数:	941
2	201608010417	苗宇怡	私房小站（盐田分店）	165	2016/8/1		8月1日订单数:	22
3	201608010301	李靖	私房小站（罗湖分店）	321	2016/8/1		8月平均每个订单的消费金额:	491.703507
4	201608010413	卓永梅	私房小站（盐田分店）	854	2016/8/1		盐田分店8月平均每个订单的消费金额:	507.111111
5	201608010415	张大鹏	私房小站（罗湖分店）	466	2016/8/1		消费金额最大值:	1314
6	201608010392	李小东	私房小站（番禺分店）	704	2016/8/1		消费金额第二大值:	1282
7	201608010381	沈晓雯	私房小站（天河分店）	239	2016/8/1		消费金额最小值:	48
8	201608010429	苗泽坤	私房小站（福田分店）	699	2016/8/1		消费金额第二小值:	76
9	201608010433	李达明	私房小站（番禺分店）	511	2016/8/1		消费金额的众数:	
10	201608010569	蓝娜	私房小站（盐田分店）	326	2016/8/1			

图 4-68　计算消费金额的第二小值

4.5.4　计算众数和频率

在 Excel 2016 中，使用 MODE.SNGL 函数可以计算数据的众数，使用 FREQUENCY 函数可以计算数据的频率。

1．MODE.SNGL 函数

MODE.SNGL 函数可以返回某一数组或数据区域中的众数，其使用格式如下。

```
MODE.SNGL(number1, number2,…)
```

MODE.SNGL 函数的常用参数及其解释如表 4-25 所示。

表 4-25　MODE.SNGL 函数的常用参数及其解释

参数	参数解释
number1	必需。表示要计算其众数的第 1 个参数。可以是数字、包含数字的名称、数组和单元格引用
number2,…	可选。表示要计算其众数的第 2～255 个参数，即可以像参数 number1 那样最多指定 255 个参数

在【8 月订单信息】工作表中使用 MODE.SNGL 函数计算消费金额的众数，具体操作步骤如下。

（1）输入公式。选中单元格 H9，输入“=MODE.SNGL(D:D)”，如图 4-69 所示。

（2）确定公式。按【Enter】键即可使用 MODE.SNGL 函数计算消费金额的众数，计算结果如图 4-70 所示。

图 4-69　输入"=MODE.SNGL(D:D)"

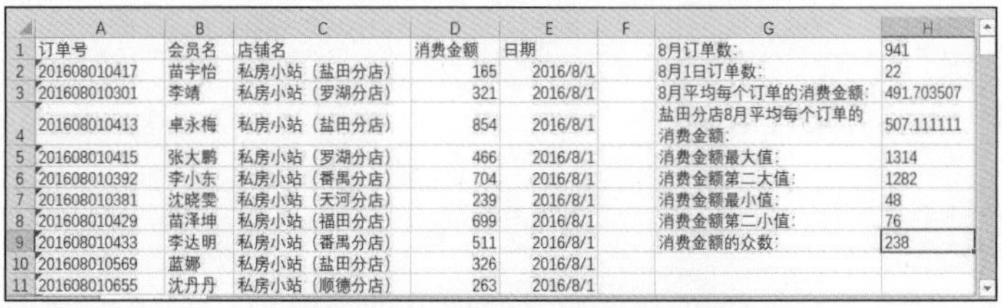

图 4-70　计算消费金额的众数

2．FREQUENCY 函数

FREQUENCY 函数可以计算数值在某个区域内的出现频率，然后返回一个垂直数组。由于 FREQUENCY 返回一个数组，所以它必须以数组公式的形式输入。FREQUENCY 函数的使用格式如下。

```
FREQUENCY(data_array, bins_array)
```

FREQUENCY 函数的常用参数及其解释如表 4-26 所示。

表 4-26　FREQUENCY 函数的常用参数及其解释

参数	参数解释
data_array	必需。表示要对其频率进行计数的一组数值或对这组数值的引用。若参数 data_array 中不包含任何数值，则函数 FREQUENCY 返回一个零数组。
bins_array	必需。表示要将参数 data_array 中的值插入到的间隔数组或对间隔的引用。若参数 bins_array 中不包含任何数值，则 FREQUENCY 函数返回 data_array 中的元素个数。

在【8 月订单信息】工作表中计算消费金额在给定消费金额区间（单元格区域 I2:I5）中出现的频率。根据区间上限运用 FREQUENCY 函数进行频率计算，具体操作步骤如下。

（1）选中单元格区域并使之进入编辑状态。选中单元格区域 K2:K5，按【F2】键使单元格进入编辑状态。

（2）输入公式。输入"=FREQUENCY(D:D,J2:J4)"，如图 4-71 所示。

图 4-71　输入"=FREQUENCY(D:D,J2:J4)"

（3）确定公式。按【Ctrl+Shift+Enter】键即可使用 MODE.SNGL 函数计算消费金额在消费金额区间中出现的频率，计算结果如图 4-72 所示。

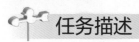

图 4-72　计算消费金额在消费金额区间中出现的频率

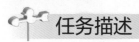

任务 4.6　认识文本函数

任务描述

用 Excel 2016 中的文本函数可以非常方便地处理字符串。为了查看各用餐顾客对店铺的评价情况，在某餐饮企业的【8 月 1 日订单评论数据】工作表中，提取店铺名中的分店信息、位置信息和订单号的后 3 位数字，替换文本字符中空格以及判断评论文本是否有重复值。

任务分析

（1）合并【8 月 1 日订单评论数据】工作表中的"店铺名"和"店铺所在地"字段。

（2）检查【8 月 1 日订单评论数据】工作表中的评论数据是否有与第一条评论相同的评论文本出现。

（3）计算【8 月 1 日订单评论数据】工作表中所有评论文本的长度。

（4）找出【8 月 1 日订单评论数据】工作表店铺名中"分店"两个字在文本中的位置。

（5）找出【8 月 1 日订单评论数据】工作表评论信息中"nice"在文本中的位置。

（6）查找【8 月 1 日订单评论数据】工作表中的店铺名称，不包括分店信息。

（7）查找【8 月 1 日订单评论数据】工作表中订单号的后 3 位数字。

（8）提取【8 月 1 日订单评论数据】工作表店铺名中的分店信息。

（9）清除【8 月 1 日订单评论数据】工作表评论中的非打印字符。

（10）用空的文本替换【8 月 1 日订单评论数据】工作表评论中的空格。

（11）把【8 月 1 日订单评论数据】工作表中店铺名的"私房小站"替换成"私房晓站"。

4.6.1　比较与合并文本

在 Excel 2016 中，EXACT 函数可用于两个文本字符串的比较，CONCATENATE 函数可以将多个文本字符串合并为一个文本字符串。

1. EXACT 函数

EXACT 函数的功能是比较两个文本字符串是否完全相同。EXACT 函数的使用格式如下。

```
EXACT(text1,text2)
```

EXACT 函数的常用参数及其解释如表 4-27 所示。

表 4-27　EXACT 函数的常用参数及其解释

参数	参数解释
text1	必需。表示第一个文本字符串
text2	必需。表示第二个文本字符串

检查【8 月 1 日订单评论数据】工作表中的评论数据是否有与第一条评论相同的评论文本出现，具体操作步骤如下。

（1）输入公式。选中单元格 F3，输入“=EXACT($E$2,E3)”，此处一个文本字符串采用绝对引用的形式，另一个文本字符串采用相对引用的形式，如图 4-73 所示。

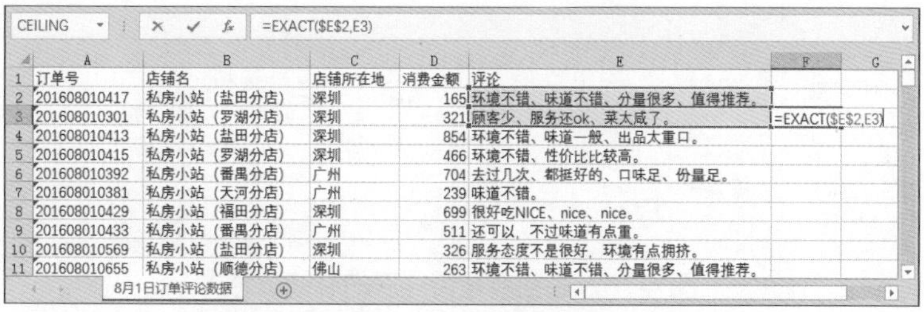
CEILING　=EXACT($E$2,E3)

	A	B	C	D	E	F	G
1	订单号	店铺名	店铺所在地	消费金额	评论		
2	201608010417	私房小站（盐田分店）	深圳	165	环境不错、味道不错、分量很多、值得推荐。		
3	201608010301	私房小站（罗湖分店）	深圳	321	顾客少、服务还ok、菜太咸了。	=EXACT($E$2,E3)	
4	201608010413	私房小站（盐田分店）	深圳	854	环境不错、味道一般、出品太重口。		
5	201608010415	私房小站（罗湖分店）	深圳	466	环境不错、性价比比较高。		
6	201608010392	私房小站（番禺分店）	广州	704	去过几次、都挺好的、口味足、份量足。		
7	201608010381	私房小站（天河分店）	广州	239	味道不错。		
8	201608010429	私房小站（福田分店）	深圳	699	很好吃NICE、nice、nice。		
9	201608010433	私房小站（番禺分店）	广州	511	还可以，不过味道有点重。		
10	201608010569	私房小站（盐田分店）	深圳	326	服务态度不是很好，环境有点拥挤。		
11	201608010655	私房小站（顺德分店）	佛山	263	环境不错、味道不错、分量很多、值得推荐。		

8月1日订单评论数据

图 4-73　输入“=EXACT($E$2,E3)”

（2）确定公式。按【Enter】键确定公式，并使用填充公式的方式返回其他评论与第一条评论对比的结果，如图 4-74 所示。如果有重复，那么返回值为“TRUE”；如果非重复，那么返回值为 FALSE。

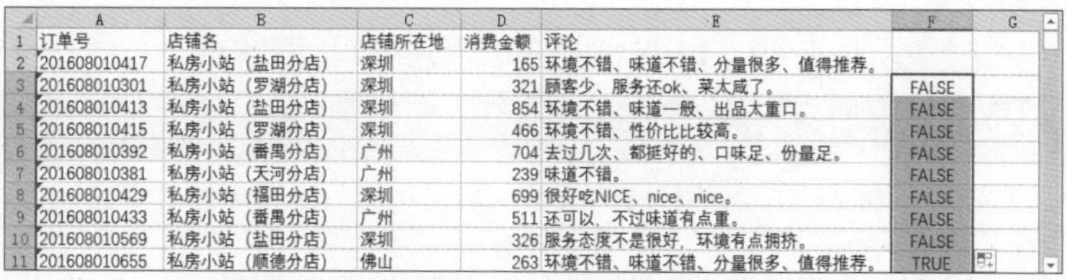

	A	B	C	D	E	F	G
1	订单号	店铺名	店铺所在地	消费金额	评论		
2	201608010417	私房小站（盐田分店）	深圳	165	环境不错、味道不错、分量很多、值得推荐。		
3	201608010301	私房小站（罗湖分店）	深圳	321	顾客少、服务还ok、菜太咸了。	FALSE	
4	201608010413	私房小站（盐田分店）	深圳	854	环境不错、味道一般、出品太重口。	FALSE	
5	201608010415	私房小站（罗湖分店）	深圳	466	环境不错、性价比比较高。	FALSE	
6	201608010392	私房小站（番禺分店）	广州	704	去过几次、都挺好的、口味足、份量足。	FALSE	
7	201608010381	私房小站（天河分店）	广州	239	味道不错。	FALSE	
8	201608010429	私房小站（福田分店）	深圳	699	很好吃NICE、nice、nice。	FALSE	
9	201608010433	私房小站（番禺分店）	广州	511	还可以，不过味道有点重。	FALSE	
10	201608010569	私房小站（盐田分店）	深圳	326	服务态度不是很好，环境有点拥挤。	FALSE	
11	201608010655	私房小站（顺德分店）	佛山	263	环境不错、味道不错、分量很多、值得推荐。	TRUE	

图 4-74　其他评论与第一条评论对比的结果

2. CONCATENATE 函数

CONCATENATE 函数可以将多个文本字符串合并为一个文本字符串。CONCATENATE 函数的使用格式如下。

```
CONCATENATE(text1, text2, …)
```

CONCATENATE 函数的常用参数及其解释如表 4-28 所示。

表 4-28　CONCATENATE 函数的常用参数及其解释

参数	参数解释
text1	必需。表示第一个将要合并成单个文本的文本项
text2, …	可选。表示第 2～255 个将要合并成单个文本的文本项

合并【8 月 1 日订单评论数据】工作表中的“店铺名”和“店铺所在地”字段，具体

操作步骤如下。

（1）输入公式。选中单元格 F2，输入"=CONCATENATE(C2,B2)"，如图 4-75 所示。

图 4-75　输入"=CONCATENATE(C2,B2)"

（2）确定公式。按【Enter】键确定公式，并使用填充公式的方式合并剩下的店铺信息，如图 4-76 所示。

图 4-76　返回所有合并后的店铺信息

4.6.2　计算文本长度

LEN 函数的功能是返回文本字符串的长度。LEN 函数的使用格式如下。

```
LEN(text)
```

LEN 函数的常用参数及其解释如表 4-29 所示。

表 4-29　LEN 函数的常用参数及其解释

参数	参数解释
text	必需。表示要查找其长度的文本。空格将作为字符进行计数

计算【8月1日订单评论数据】工作表中所有评论文本的长度，具体操作步骤如下。

（1）输入公式。选中单元格 F2，输入"=LEN(E2)"，如图 4-77 所示。

图 4-77　输入"=LEN(E2)"

（2）确定公式。按【Enter】键确定公式，并使用填充公式的方式返回所有评论文本的长度，如图 4-78 所示。

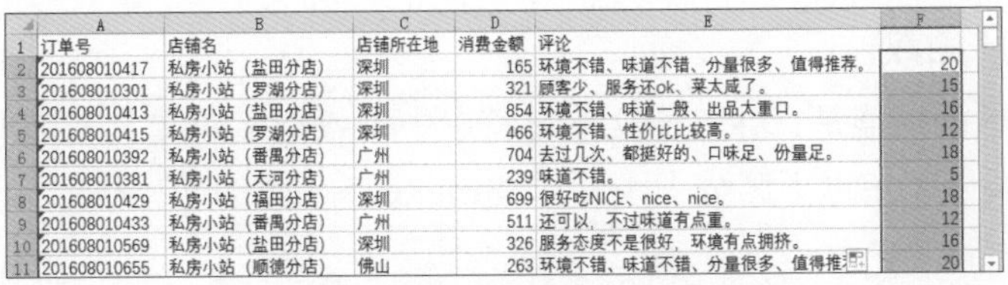

	A	B	C	D	E	F
1	订单号	店铺名	店铺所在地	消费金额	评论	
2	201608010417	私房小站（盐田分店）	深圳	165	环境不错、味道不错、分量很多、值得推荐。	20
3	201608010301	私房小站（罗湖分店）	深圳	321	顾客少、服务还ok、菜太咸了。	15
4	201608010413	私房小站（盐田分店）	深圳	854	环境不错、味道一般、出品太重口。	16
5	201608010415	私房小站（罗湖分店）	深圳	466	环境不错、性价比比较高。	12
6	201608010392	私房小站（番禺分店）	广州	704	去过几次、都挺好的、口味足、份量足。	18
7	201608010381	私房小站（天河分店）	广州	239	味道不错。	5
8	201608010429	私房小站（福田分店）	深圳	699	很好吃NICE、nice、nice。	18
9	201608010433	私房小站（番禺分店）	广州	511	还可以，不过味道有点重。	12
10	201608010569	私房小站（盐田分店）	深圳	326	服务态度不是很好，环境有点拥挤。	16
11	201608010655	私房小站（顺德分店）	佛山	263	环境不错、味道不错、分量很多、值得推	20

图 4-78　返回所有评论文本的长度

4.6.3　检索与提取文本

在 Excel 2016 中，可用 FIND、SEARCH、LEFT 和 RIGHT 等函数对文本进行检查和提取。

1. FIND 函数

FIND 函数可以查找一个字符串在另外一个字符串中的位置（字母要区分大小写）。FIND 函数的使用格式如下。

```
FIND(find_text, within_text, start_num)
```

FIND 函数的常用参数及其解释如表 4-30 所示。

表 4-30　FIND 函数的常用参数及其解释

参数	参数解释
find_text	必需。表示要查找的文本字符串
within_text	必需。表示包含要查找文本字符串的文本字符串
start_num	可选。表示开始进行查找的字符。within_text 中的首字符是编号为 1 的字符。如果省略 start_num，则假定其值为 1

找出【8 月 1 日订单评论数据】工作表中店铺名“分店”两个字在文本中的位置，具体操作步骤如下。

（1）输入公式。选中单元格 F2，输入“=FIND("分店",B2,1)”，如图 4-79 所示。

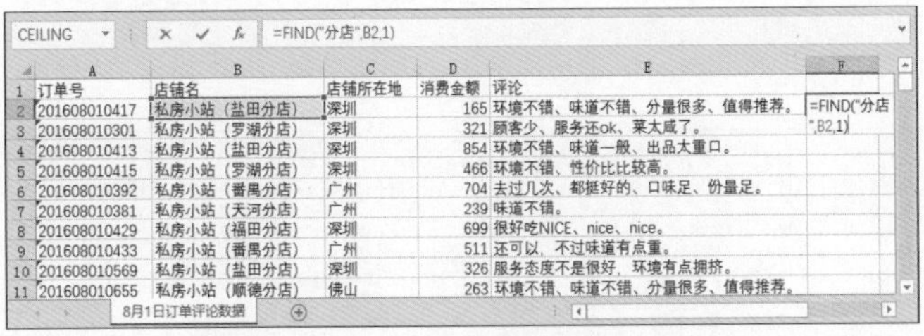

CEILING　=FIND("分店",B2,1)

	A	B	C	D	E	F
1	订单号	店铺名	店铺所在地	消费金额	评论	
2	201608010417	私房小站（盐田分店）	深圳	165	环境不错、味道不错、分量很多、值得推荐。	=FIND("分店",B2,1)
3	201608010301	私房小站（罗湖分店）	深圳	321	顾客少、服务还ok、菜太咸了。	
4	201608010413	私房小站（盐田分店）	深圳	854	环境不错、味道一般、出品太重口。	
5	201608010415	私房小站（罗湖分店）	深圳	466	环境不错、性价比比较高。	
6	201608010392	私房小站（番禺分店）	广州	704	去过几次、都挺好的、口味足、份量足。	
7	201608010381	私房小站（天河分店）	广州	239	味道不错。	
8	201608010429	私房小站（福田分店）	深圳	699	很好吃NICE、nice、nice。	
9	201608010433	私房小站（番禺分店）	广州	511	还可以，不过味道有点重。	
10	201608010569	私房小站（盐田分店）	深圳	326	服务态度不是很好，环境有点拥挤。	
11	201608010655	私房小站（顺德分店）	佛山	263	环境不错、味道不错、分量很多、值得推荐。	

8月1日订单评论数据

图 4-79　输入“=FIND("分店",B2,1)”

（2）确定公式。按【Enter】键即可返回文本以字符为单位时“分店”在文本中的位置，如图 4-80 所示。

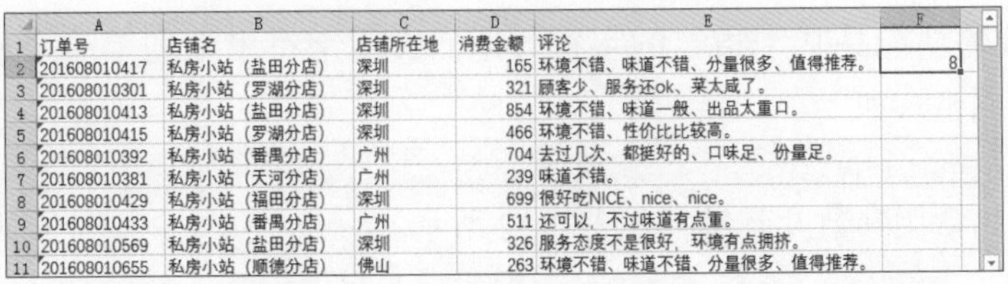

	A	B	C	D	E	F
1	订单号	店铺名	店铺所在地	消费金额	评论	
2	201608010417	私房小站（盐田分店）	深圳	165	环境不错、味道不错、分量很多、值得推荐。	8
3	201608010301	私房小站（罗湖分店）	深圳	321	顾客少、服务还ok、菜太咸了。	
4	201608010413	私房小站（盐田分店）	深圳	854	环境不错、味道一般、出品太重口。	
5	201608010415	私房小站（罗湖分店）	深圳	466	环境不错、性价比比较高。	
6	201608010392	私房小站（番禺分店）	广州	704	去过几次、都挺好的、口味足、份量足。	
7	201608010381	私房小站（天河分店）	广州	239	味道不错。	
8	201608010429	私房小站（福田分店）	深圳	699	很好吃NICE、nice、nice。	
9	201608010433	私房小站（番禺分店）	广州	511	还可以，不过味道有点重。	
10	201608010569	私房小站（盐田分店）	深圳	326	服务态度不是很好，环境有点拥挤。	
11	201608010655	私房小站（顺德分店）	佛山	263	环境不错、味道不错、分量很多、值得推荐。	

图 4-80　返回文本以字符为单位时“分店”在文本中的位置

2．SEARCH 函数

SEARCH 函数的功能是，在其他文本字符串中查找指定的文本字符串，并返回该字符串的起始位置的编号（字母不区分大小写）。SEARCH 函数的使用格式如下。

```
SEARCH(find_text, within_text, start_num)
```

SEARCH 函数的常用参数及其解释如表 4-31 所示。

表 4-31　SEARCH 函数的常用参数及其解释

参数	参数解释
find_text	必需。表示要查找的文本字符串（不区分大小写）
within_text	必需。表示要在其中搜索 find_text 参数的值的文本字符串
start_num	可选。表示 within_text 参数中从之开始搜索的字符编号

找出【8 月 1 日订单评论数据】工作表评论信息中"nice"在文本中的位置，具体操作步骤如下。

（1）输入公式。选中单元格 F8，输入"=SEARCH("nice",E8,1)"，如图 4-81 所示。

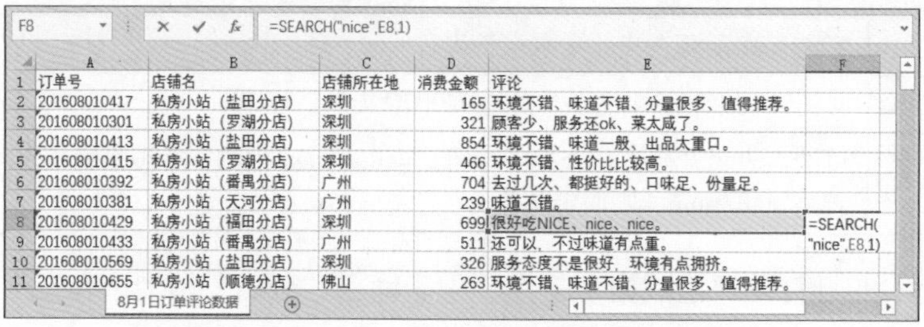

图 4-81　输入"=SEARCH("nice",E8,1)"

（2）确定公式。按【Enter】键即可返回文本以字符为单位时"nice"在文本中的位置，如图 4-82 所示。

图 4-82　返回文本以字符为单位时"nice"在文本中的位置

3．LEFT 函数

LEFT 函数的功能是基于指定的字符数返回文本字符串中的第一个或前几个字符。LEFT 函数的使用格式如下。

```
LEFT(text, num_chars)
```

LEFT 函数的常用参数及其解释如表 4-32 所示。

表 4-32　LEFT 函数的常用参数及其解释

参数	参数解释
text	必需。表示包含要提取的字符的文本字符串
num_chars	可选。表示要由 LEFT 要提取的字符的数量。若省略该参数，则假定其值为 1

查找【8 月 1 日订单评论数据】工作表中的店铺名称，不包括分店信息，具体操作步骤如下。

（1）输入公式。选中单元格 F2，输入“=LEFT(B2,FIND("（",B2,1)-1)”，如图 4-83 所示。

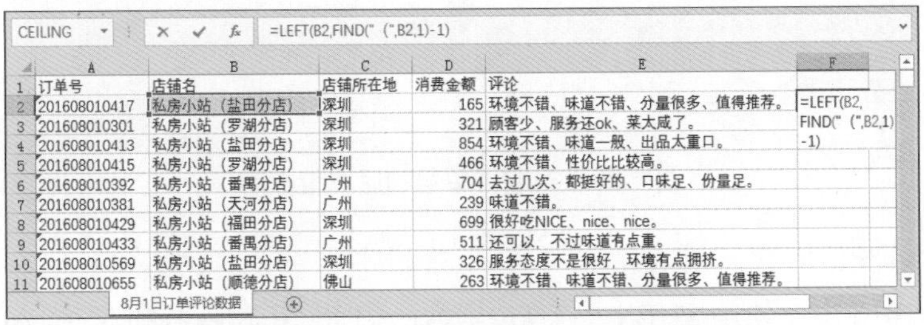
CEILING　=LEFT(B2,FIND("（",B2,1)-1)

	A	B	C	D	E	F
1	订单号	店铺名	店铺所在地	消费金额	评论	
2	201608010417	私房小站（盐田分店）	深圳	165	环境不错、味道不错、分量很多、值得推荐。	=LEFT(B2,FIND("（",B2,1)-1)
3	201608010301	私房小站（罗湖分店）	深圳	321	顾客少、服务还ok、菜太咸了。	
4	201608010413	私房小站（盐田分店）	深圳	854	环境不错、味道一般、出品太重口。	
5	201608010415	私房小站（罗湖分店）	深圳	466	环境不错、性价比比较高。	
6	201608010392	私房小站（番禺分店）	广州	704	去过几次、都挺好的、口味足、份量足。	
7	201608010381	私房小站（天河分店）	广州	239	味道不错。	
8	201608010429	私房小站（福田分店）	深圳	699	很好吃NICE、nice、nice。	
9	201608010433	私房小站（番禺分店）	广州	511	还可以，不过味道有点重。	
10	201608010569	私房小站（盐田分店）	深圳	326	服务态度不是很好，环境有点拥挤。	
11	201608010655	私房小站（顺德分店）	佛山	263	环境不错、味道不错、分量很多、值得推荐。	

8月1日订单评论数据

图 4-83　输入“=LEFT(B2,FIND("（",B2,1)-1)”

（2）确定公式。按【Enter】键即可返回店铺名称，如图 4-84 所示。

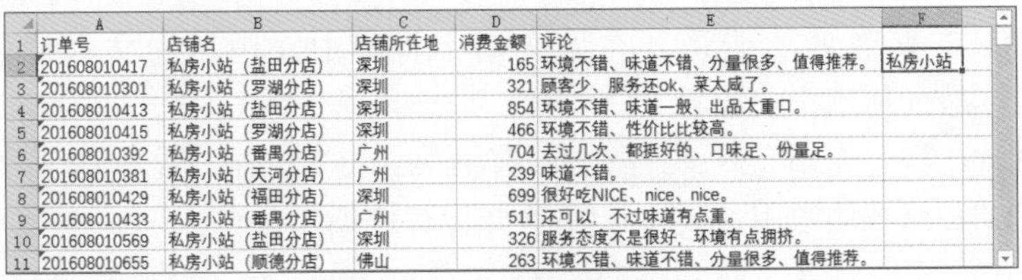

	A	B	C	D	E	F
1	订单号	店铺名	店铺所在地	消费金额	评论	
2	201608010417	私房小站（盐田分店）	深圳	165	环境不错、味道不错、分量很多、值得推荐。	私房小站
3	201608010301	私房小站（罗湖分店）	深圳	321	顾客少、服务还ok、菜太咸了。	
4	201608010413	私房小站（盐田分店）	深圳	854	环境不错、味道一般、出品太重口。	
5	201608010415	私房小站（罗湖分店）	深圳	466	环境不错、性价比比较高。	
6	201608010392	私房小站（番禺分店）	广州	704	去过几次、都挺好的、口味足、份量足。	
7	201608010381	私房小站（天河分店）	广州	239	味道不错。	
8	201608010429	私房小站（福田分店）	深圳	699	很好吃NICE、nice、nice。	
9	201608010433	私房小站（番禺分店）	广州	511	还可以，不过味道有点重。	
10	201608010569	私房小站（盐田分店）	深圳	326	服务态度不是很好，环境有点拥挤。	
11	201608010655	私房小站（顺德分店）	佛山	263	环境不错、味道不错、分量很多、值得推荐。	

图 4-84　返回店铺名称

4. RIGHT 函数

RIGHT 函数的功能是根据所指定的字符数返回文本字符串中最后一个或多个字符。RIGHT 函数的使用格式如下。

```
RIGHT(text, num_chars)
```

RIGHT 函数的常用参数及其解释如表 4-33 所示。

表 4-33　RIGHT 函数的常用参数及其解释

参数	参数解释
text	必需。表示包含要提取字符的文本字符串
num_chars	可选。表示希望 RIGHT 函数提取的字符数

查找【8 月 1 日订单评论数据】工作表中订单号的后 3 位数字，具体操作步骤如下。

（1）输入公式。选中单元格 F2，输入“=RIGHT(A2,3)”，如图 4-85 所示。

（2）确定公式。按【Enter】键确定公式，然后使用填充公式的方式提取其他订单号的后 3 位数字，如图 4-86 所示。

图 4-85　输入"=RIGHT(A2,3)"

图 4-86　提取订单号的后 3 位数字

4.6.4　替换文本

在 Excel 2016 中，使用 SUBSTITUTE 函数、REPLACE 函数和 REPLACEB 函数可对文本字符进行指定替换。

1. SUBSTITUTE 函数

SUBSTITUTE 函数的功能是，在无文本字符串中，用新的文本替代旧的文本。SUBSTITUTE 函数的使用格式如下。

```
SUBSTITUTE(text, old_text, new_text, instance_num)
```

SUBSTITUTE 函数的常用参数及其解释如表 4-34 所示。

表 4-34　SUBSTITUTE 函数的常用参数及其解释

参数	参数解释
text	必需。表示需要替换其中字符的文本，或对含有需要替换其中字符的文本单元格的引用
old_text	必需。表示需要替换的文本
new_text	必需。表示用于替换旧文本的文本
instance_num	可选。表示指定要用 new_text 替换 old_text 的事件

用空的文本替换【8 月 1 日订单评论数据】工作表评论中的空格，具体操作步骤如下。

（1）输入公式。选中单元格 F2，输入"=SUBSTITUTE(E2," ","")"，如图 4-87 所示。

图 4-87　输入"=SUBSTITUTE(E2," ","")"

（2）确定公式。按【Enter】键即可返回替换后的新文本，如图 4-88 所示。

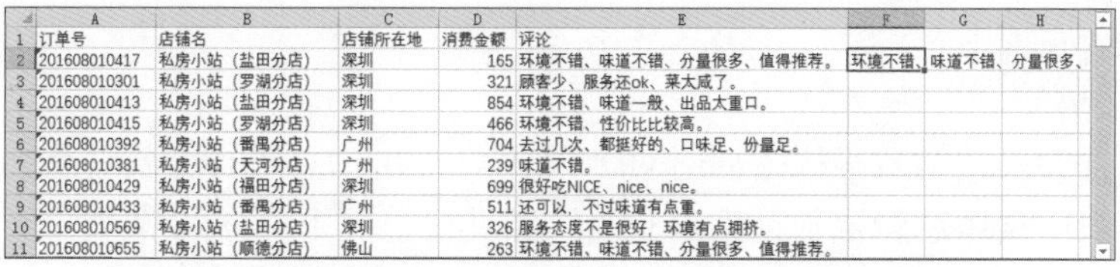

	A	B	C	D	E	F	G	H
1	订单号	店铺名	店铺所在地	消费金额	评论			
2	201608010417	私房小站（盐田分店）	深圳	165	环境不错、味道不错、分量很多、值得推荐。	环境不错、味道不错、分量很多、		
3	201608010301	私房小站（罗湖分店）	深圳	321	顾客少、服务还ok、菜太咸了。			
4	201608010413	私房小站（盐田分店）	深圳	854	环境不错、味道一般、出品太重口。			
5	201608010415	私房小站（罗湖分店）	深圳	466	环境不错、性价比比较高。			
6	201608010392	私房小站（番禺分店）	广州	704	去过几次、都挺好的、口味足、份量足。			
7	201608010381	私房小站（天河分店）	广州	239	味道不错。			
8	201608010429	私房小站（福田分店）	深圳	699	很好吃NICE、nice、nice。			
9	201608010433	私房小站（番禺分店）	广州	511	还可以，不过味道有点重。			
10	201608010569	私房小站（盐田分店）	深圳	326	服务态度不是很好，环境有点拥挤。			
11	201608010655	私房小站（顺德分店）	佛山	263	环境不错、味道不错、分量很多、值得推荐。			

图 4-88　返回使用 SUBSTITUTE 函数替换后的新文本

2. REPLACE 函数与 REPLACEB 函数

REPLACE 函数与 REPLACEB 函数的功能是，使用其他的文本字符串并根据所指定的字符数替换某文本字符串中的部分文本。REPLACE 函数与 REPLACEB 函数的使用格式分别如下。

```
REPLACE(old_text, start_num, num_chars, new_text)
REPLACEB(old_text, start_num, num_bytes, new_text)
```

REPLACE 函数与 REPLACEB 函数的常用参数及其解释如表 4-35 所示。

表 4-35　REPLACE 函数与 REPLACEB 函数的常用参数及其解释

参数	参数解释
old_text	必需。表示要替换其部分字符的文本
start_num	必需。表示 old_text 中要替换为 new_text 的字符位置
num_chars	必需。表示 old_text 中希望 REPLACE 函数使用 new_text 来进行替换的字符数
num_bytes	必需。表示 old_text 中希望 REPLACEB 函数使用 new_text 来进行替换的字节数
new_text	必需。表示将替换 old_text 中字符的文本

把【8 月 1 日订单评论数据】工作表中店铺名的“私房小站”替换成“私房晓站”，具体操作步骤如下。

（1）输入公式。选中单元格 F2，输入“=REPLACE(B2,1,4,"私房晓站")”，如图 4-89 所示。

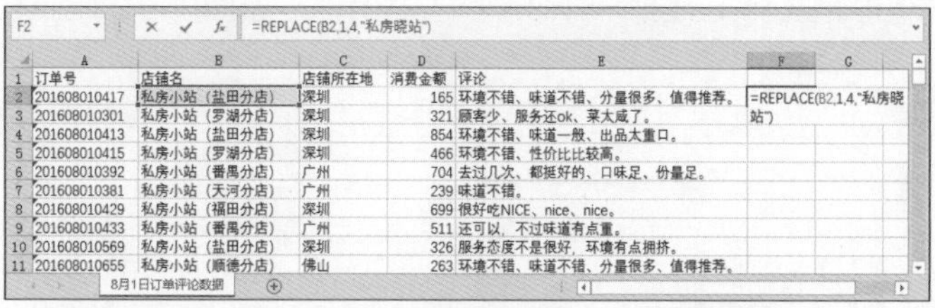

F2　=REPLACE(B2,1,4,"私房晓站")

	A	B	C	D	E	F	G
1	订单号	店铺名	店铺所在地	消费金额	评论		
2	201608010417	私房小站（盐田分店）	深圳	165	环境不错、味道不错、分量很多、值得推荐。	=REPLACE(B2,1,4,"私房晓站")	
3	201608010301	私房小站（罗湖分店）	深圳	321	顾客少、服务还ok、菜太咸了。		
4	201608010413	私房小站（盐田分店）	深圳	854	环境不错、味道一般、出品太重口。		
5	201608010415	私房小站（罗湖分店）	深圳	466	环境不错、性价比比较高。		
6	201608010392	私房小站（番禺分店）	广州	704	去过几次、都挺好的、口味足、份量足。		
7	201608010381	私房小站（天河分店）	广州	239	味道不错。		
8	201608010429	私房小站（福田分店）	深圳	699	很好吃NICE、nice、nice。		
9	201608010433	私房小站（番禺分店）	广州	511	还可以，不过味道有点重。		
10	201608010569	私房小站（盐田分店）	深圳	326	服务态度不是很好，环境有点拥挤。		
11	201608010655	私房小站（顺德分店）	佛山	263	环境不错、味道不错、分量很多、值得推荐。		

8月1日订单评论数据

图 4-89　输入“=REPLACE(B2,1,4, "私房晓站")”

（2）确定公式。按【Enter】键即可返回替换后的新文本，如图 4-90 所示。

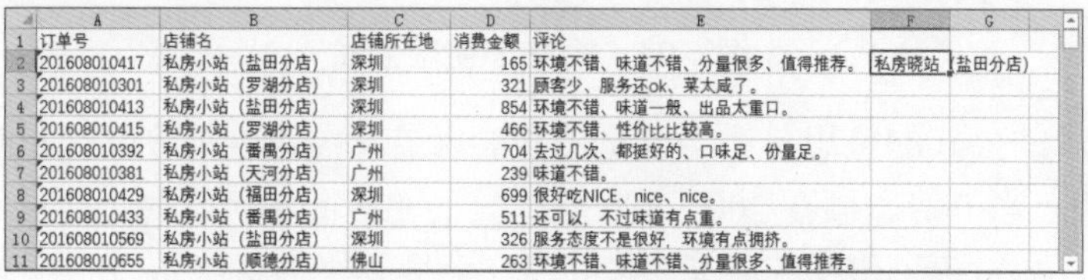

	A	B	C	D	E	F	G
1	订单号	店铺名	店铺所在地	消费金额	评论		
2	201608010417	私房小站（盐田分店）	深圳	165	环境不错、味道不错、分量很多、值得推荐。	私房晓站（盐田分店）	
3	201608010301	私房小站（罗湖分店）	深圳	321	顾客少、服务还ok、菜太咸了。		
4	201608010413	私房小站（盐田分店）	深圳	854	环境不错、味道一般、出品太重口。		
5	201608010415	私房小站（罗湖分店）	深圳	466	环境不错、性价比比较高。		
6	201608010392	私房小站（番禺分店）	广州	704	去过几次、都挺好的、口味足、份量足。		
7	201608010381	私房小站（天河分店）	广州	239	味道不错。		
8	201608010429	私房小站（福田分店）	深圳	699	很好吃NICE、nice、nice。		
9	201608010433	私房小站（番禺分店）	广州	511	还可以，不过味道有点重。		
10	201608010569	私房小站（盐田分店）	深圳	326	服务态度不是很好，环境有点拥挤。		
11	201608010655	私房小站（顺德分店）	佛山	263	环境不错、味道不错、分量很多、值得推荐。		

图 4-90　返回使用 REPLACE 函数替换后的新文本

任务 **4.7** 认识逻辑函数

任务描述

为了查看各会员的消费等级，同时对 8 月 1 日订单信息进行分析，要在【8 月 1 日订单信息】工作表中利用逻辑函数搜索出有复杂条件的情况下所需的数据。

任务分析

（1）根据【8 月 1 日订单信息】工作表中会员的消费金额来确定会员的等级。

（2）在【8 月 1 日订单信息】工作表中找出消费地在深圳且消费金额大于 500 元的会员。

（3）在【8 月 1 日订单信息】工作表中找出消费地在深圳或消费金额大于 500 元的会员。

4.7.1 条件判断

IF 函数的功能是执行真假值判断，根据逻辑值计算的真假值返回不同的结果。IF 函数的使用格式如下。

```
IF(logical_test, value_if_true, value_if_false)
```

IF 函数的常用参数及其解释如表 4-36 所示。

表 4-36　IF 函数的常用参数及其解释

参数	参数解释
logical_test	必需。表示要测试的条件
value_if_true	必需。表示 logical_test 的结果为 TRUE 时，希望返回的值
value_if_false	可选。表示 logical_test 的结果为 FALSE 时，希望返回的值

根据【8 月 1 日订单信息】工作表中会员的消费金额来确定会员的消费等级，具体操作步骤如下。

（1）输入公式。选中单元格 G2，输入 "=IF(E2>=$J$7,$K$7,IF(E2>=$J$6,$K$6,IF(E2>=$J$5,$K$5,IF(E2>=$J$4,$K$4,IF(E2>=$J$3,$K$3,0)))))"，如图 4-91 所示。

图 4-91　输入 IF 函数公式

图 4-91 所示的公式的意思是：当会员消费金额在 0～200 元（包括 200 元）区间时，会员等级为 0 级；当消费金额在 200～400 元（包括 400 元）区间时，会员等级为 1 级；当消费金额在 400～600 元（包括 600 元）区间时，会员等级为 2 级；当消费金额在 600～800

元（包括 800 元）区间时，会员等级为 3 级；当消费金额在 800～1000 元（包括 1000 元）区间时，会员等级为 4 级；当消费金额在 1000 以上时，会员等级为 5 级。

（2）确定公式。按【Enter】键，并使用填充公式的方式更新所有会员的会员等级信息，如图 4-92 所示。

图 4-92　计算所有会员的会员等级

4.7.2　实现交集计算

AND 函数的功能是对多个逻辑值进行交集计算，用于确定测试中所有条件是否均为 TRUE、AND 函数的使用格式如下。

```
AND(logical1, logical2, …)
```

AND 函数的常用参数及其解释如表 4-37 所示。

表 4-37　AND 函数的常用参数及其解释

参数	参数解释
logical1	必需。表示第一个需要测试且计算结果可为 TRUE 或 FALSE 的条件
logical2	可选。表示其他需要测试且计算结果可为 TRUE 或 FALSE 的条件（最多有 255 个条件）

在【8 月 1 日订单信息】工作表中找出消费地在深圳且消费金额大于 500 元的会员，不满足条件的将返回 0，其操作体步骤如下。

（1）输入公式。选中单元格 H2，输入"=IF(AND(D2="深圳",E2>500),B2,0)"，如图 4-93 所示。

图 4-93　输入"=IF(AND(D2="深圳",E2>500),B2,0)"

图 4-93 所示的公式的意思是：若店铺所在地为深圳且消费金额大于 500 元，则返回会员名。

（2）确定公式。按【Enter】键确定公式，并使用填充公式的方式提取所有满足条件的会员的名称，如图 4-94 所示。

图 4-94　提取所有满足条件的会员的名称

4.7.3　实现并集计算

OR 函数的功能是对多个逻辑值进行并集计算，用于确定测试集中的所有条件是否均为 TRUE。OR 函数的使用格式如下。

```
OR(logical1, logical2, …)
```

OR 函数的常用参数及其解释与 AND 函数的一致，如表 4-37 所示。

在【8 月 1 日订单信息】工作表中找出消费地在深圳或消费金额大于 500 元的会员，不满足条件的将返回 0，具体操作步骤如下。

（1）输入公式。选中单元格 I2，输入 "=IF(OR(D2="深圳",E2>500),B2,0)"，如图 4-95 所示。

图 4-95　输入 "=IF(OR(D2="深圳",E2>500),B2,0)"

图 4-95 所示的公式的意思是：若店铺所在地为深圳或消费金额大于 500 元，则返回会员名。

（2）确定公式。按【Enter】键确定公式，并使用填充公式的方式返回所有满足条件的会员的名称，如图 4-96 所示。

图 4-96　返回所有满足条件的会员的名称

小结

本章主要介绍了公式和函数，以及数组公式、日期与时间函数、数学函数、统计函数、文本函数、逻辑函数的常用函数及其应用。其中，公式和函数包括输入公式与函数和引用单元格；数组公式包括单一单元格数组公式和多单元格数组公式；日期与时间函数包括 YEAR、MONTH、DAY、DATEDIF 和 NETWORKDAYS 函数；数学函数包括 PRODUCT、SUM、SUMIF、QUOTIENT 和 ROUND 函数；统计函数包括 COUNT、COUNTIF、AVERAGE、AVERAGEIF、MAX、LARGE、MIN、SMALL、MODE.SNGL 和 FREQUENCY 函数；文本函数包括 EXACT、CONCATENATE、LEN、FIND、SEARCH、LEFT、RIGHT、SUBSTITUTE、REPLACE 和 REPLACEB 函数；逻辑函数包括 IF、AND 和 OR 函数。

实训

实训 1　认识公式和函数

1. 训练要点

（1）掌握公式和函数的输入方法。

（2）掌握引用单元格的方法。

2. 需求说明

为进一步了解菜品的销售情况，在某餐饮店 2016 年的【8 月 1 日订单详情】工作表中，分别使用公式和函数计算菜品的总价，再用引用单元格的方式完善【8 月 1 日订单详情】工作表和【8 月订单详情】工作表，最后使用外部引用将【8 月 2 日订单详情】工作表中的营业额添加到【8 月订单详情】工作表中。最终得到的效果如图 4-97 和图 4-98 所示。

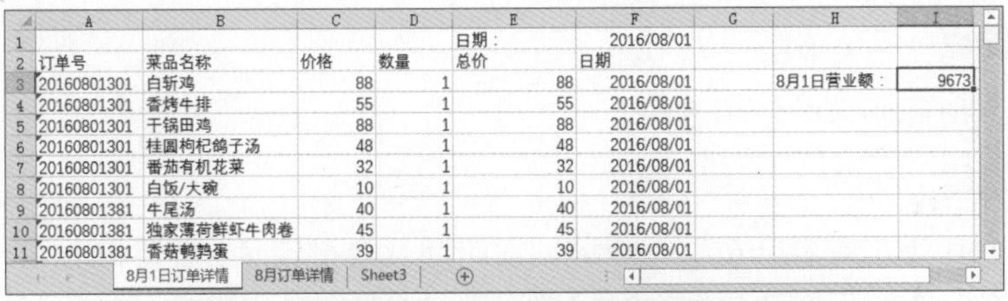

	A	B	C	D	E	F	G	H	I
1					日期：	2016/08/01			
2	订单号	菜品名称	价格	数量	总价	日期			
3	20160801301	白斩鸡	88	1	88	2016/08/01		8月1日营业额：	9673
4	20160801301	香烤牛排	55	1	55	2016/08/01			
5	20160801301	干锅田鸡	88	1	88	2016/08/01			
6	20160801301	桂圆枸杞鸽子汤	48	1	48	2016/08/01			
7	20160801301	番茄有机花菜	32	1	32	2016/08/01			
8	20160801301	白饭/大碗	10	1	10	2016/08/01			
9	20160801381	牛尾汤	40	1	40	2016/08/01			
10	20160801381	独家薄荷鲜虾牛肉卷	45	1	45	2016/08/01			
11	20160801381	香菇鹌鹑蛋	39	1	39	2016/08/01			

图 4-97　最终得到的【8 月 1 日订单详情】工作表

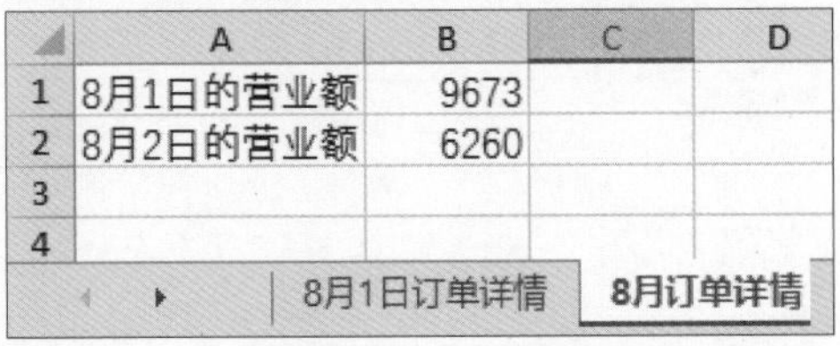

	A	B	C	D
1	8月1日的营业额	9673		
2	8月2日的营业额	6260		
3				
4				

图 4-98　最终得到的【8 月订单详情】工作表

3. 实现思路及步骤

（1）输入公式计算菜品的总价。

（2）输入 PRODUCT 函数计算菜品的总价。

（3）用相对引用的方式计算菜品总价。

（4）用绝对引用的方式输入订单的日期。

（5）用三维引用的方式在【8 月订单详情】工作表输入 8 月 1 日的营业额。

（6）用外部引用的方式在【8 月订单详情】工作表输入 8 月 2 日的营业额。

实训 2　使用数组公式

1．训练要点

掌握数组公式的使用方法。

2．需求说明

为进一步了解 8 月 1 日的餐饮营业情况，需要在某餐饮店 2016 年的【8 月 1 日订单详情】工作表中使用数组公式计算当日营业额和各订单的菜品的总价。最终得到的效果如图 4-99 所示。

	A	B	C	D	E	F	G	H	I
1					日期：	2016/08/01			
2	订单号	菜品名称	价格	数量	总价	日期			
3	20160801301	白斩鸡	88	1	88	2016/08/01		8月1日营业额：	9673
4	20160801301	香烤牛排	55	1	55	2016/08/01			
5	20160801301	干锅田鸡	88	1	88	2016/08/01			
6	20160801301	桂圆枸杞鸽子汤	48	1	48	2016/08/01			
7	20160801301	番茄有机花菜	32	1	32	2016/08/01			
8	20160801301	白饭/大碗	10	1	10	2016/08/01			
9	20160801381	牛尾汤	40	1	40	2016/08/01			
10	20160801381	独家薄荷鲜虾牛肉卷	45	1	45	2016/08/01			
11	20160801381	香菇鹌鹑蛋	39	1	39	2016/08/01			

8月1日订单详情　8月订单详情　Sheet3

图 4-99　最终的【8 月 1 日订单详情】工作表

3．实现思路及步骤

（1）使用单一单元格数组公式计算 8 月 1 日的营业额。

（2）使用多单元格数组公式计算各订单的菜品的总价。

实训 3　设置日期和时间数据

1．训练要点

掌握日期和时间函数的使用方法。

2．需求说明

某自助便利店为了查看会员下一年的回访时间及会员信息，需要将图 4-100 所示的【自助便利店会员信息】工作表的日期和时间数据进行统计。最终得到的效果如图 4-101 所示。

	A	B	C	D	E	F	G	H
1	会员名	开通会员日期	回访调查日期	入会天数	入会时间占一年的比率		更新日期:	2016/12/29
2	包家铭	2016/1/13						
3	牛雨萱	2016/2/11						
4	包承昊	2016/3/4						
5	包达菲	2016/4/6						
6	范艾石	2016/5/20						
7	苗元琰	2016/7/3						
8	苗远清	2016/7/29						
9	苗雨谷	2016/8/10						
10	苗宇怡	2016/9/5						
11	苗元灏	2016/10/14						
12								
13								

自助便利店会员信息

图 4-100　原始的【自助便利店会员信息】工作表

	A	B	C	D	E	F	G	H
1	会员名	开通会员日期	回访调查日期	入会天数	入会时间占一年的比率		更新日期:	2016/12/29
2	包家铭	2016/1/13	2017/1/13	351	0.959016393			
3	牛雨萱	2016/2/11	2017/2/11	322	0.879781421			
4	包承昊	2016/3/4	2017/3/4	300	0.819672131			
5	包达菲	2016/4/6	2017/4/6	267	0.729508197			
6	范艾石	2016/5/20	2017/5/20	223	0.609289617			
7	苗元琰	2016/7/3	2017/7/3	179	0.489071038			
8	苗远清	2016/7/29	2017/7/29	153	0.418032787			
9	苗雨谷	2016/8/10	2017/8/10	141	0.385245902			
10	苗宇怡	2016/9/5	2017/9/5	115	0.31420765			
11	苗元灏	2016/10/14	2017/10/14	76	0.207650273			
12								
13								

自助便利店会员信息

图 4-101　最终得到的【自助便利店会员信息】工作表

3. 实现思路及步骤

（1）在【自助便利店会员信息】工作表中，利用 EDATE 函数（返回与指定日期相隔指示的月份数的日期）计算会员回访调查日期。

（2）在【自助便利店会员信息】工作表中，利用 DAYS 函数计算会员的入会天数。

（3）在【自助便利店会员信息】工作表中，利用 YEARFRAC 函数（用来计算开始日期和终止日期之间的天数占全年天数的百分比）计算会员的入会时间占一年的比率。

实训 4　认识数学函数

1. 训练要点

掌握常用数学函数的使用方法。

2. 需求说明

在【自助便利店销售数据】工作表中存放了部分该便利店 2017 年第 3 季度的销售数据，如图 4-102 所示。为了解自助便利店的商品销售情况、查看商品营业额，需使用数学函数对【自助便利店销售数据】工作表中的数据进行计算，包括计算总价、营业总额（含小数）、营业总额（不含小数）、饮料类商品的营业总额和第 3 季度平均每日营业额（不含折扣且计算结果只取整数部分）。最终得到的效果如图 4-103 所示。

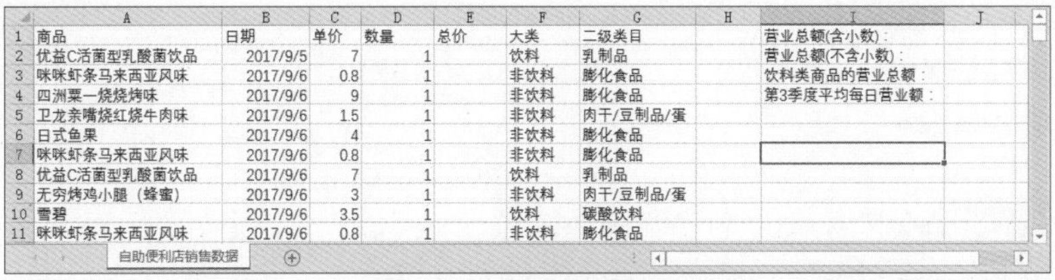

	A	B	C	D	E	F	G	H	I	J
1	商品	日期	单价	数量	总价	大类	二级类目		营业总额(含小数)：	
2	优益C活菌型乳酸菌饮品	2017/9/5	7	1		饮料	乳制品		营业总额(不含小数)：	
3	咪咪虾条马来西亚风味	2017/9/6	0.8	1		非饮料	膨化食品		饮料类商品的营业总额：	
4	四洲粟一烧烧烤味	2017/9/6	9	1		非饮料	膨化食品		第3季度平均每日营业额：	
5	卫龙亲嘴烧红烧牛肉味	2017/9/6	1.5	1		非饮料	肉干/豆制品/蛋			
6	日式鱼果	2017/9/6	4	1		非饮料	膨化食品			
7	咪咪虾条马来西亚风味	2017/9/6	0.8	1		非饮料	膨化食品			
8	优益C活菌型乳酸菌饮品	2017/9/6	7	1		饮料	乳制品			
9	无穷烤鸡小腿（蜂蜜）	2017/9/6	3	1		非饮料	肉干/豆制品/蛋			
10	雪碧	2017/9/6	3.5	1		饮料	碳酸饮料			
11	咪咪虾条马来西亚风味	2017/9/6	0.8	1		非饮料	膨化食品			

图 4-102　原始的【自助便利店销售数据】工作表

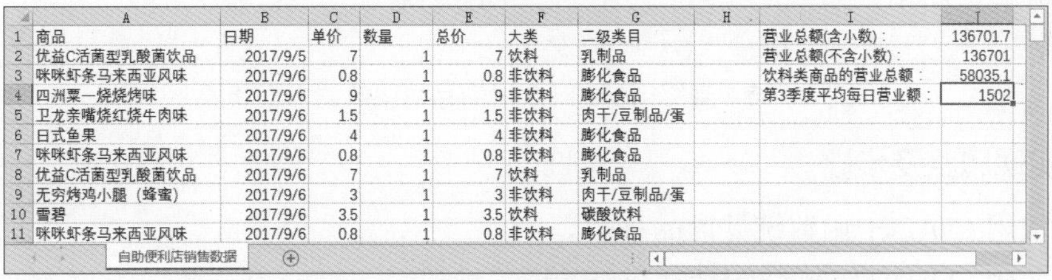

	A	B	C	D	E	F	G	H	I	J
1	商品	日期	单价	数量	总价	大类	二级类目		营业总额(含小数)：	136701.7
2	优益C活菌型乳酸菌饮品	2017/9/5	7	1	7	饮料	乳制品		营业总额(不含小数)：	136701
3	咪咪虾条马来西亚风味	2017/9/6	0.8	1	0.8	非饮料	膨化食品		饮料类商品的营业总额：	58035.1
4	四洲粟一烧烧烤味	2017/9/6	9	1	9	非饮料	膨化食品		第3季度平均每日营业额：	1502
5	卫龙亲嘴烧红烧牛肉味	2017/9/6	1.5	1	1.5	非饮料	肉干/豆制品/蛋			
6	日式鱼果	2017/9/6	4	1	4	非饮料	膨化食品			
7	咪咪虾条马来西亚风味	2017/9/6	0.8	1	0.8	非饮料	膨化食品			
8	优益C活菌型乳酸菌饮品	2017/9/6	7	1	7	饮料	乳制品			
9	无穷烤鸡小腿（蜂蜜）	2017/9/6	3	1	3	非饮料	肉干/豆制品/蛋			
10	雪碧	2017/9/6	3.5	1	3.5	饮料	碳酸饮料			
11	咪咪虾条马来西亚风味	2017/9/6	0.8	1	0.8	非饮料	膨化食品			

图 4-103　最终得到的【自助便利店销售数据】工作表

3. 实现思路及步骤

（1）使用 PRODUCT 函数计算总价。

（2）使用 SUM 函数计算营业总额（含小数）。

（3）使用 INT 函数（将数字向下舍入到最接近的整数）对营业总额（含小数）进行取整，得出新的营业总额（不含小数）。

（4）使用 SUMIF 函数计算饮料类商品的营业总额。

（5）使用 QUOTIENT 函数计算第 3 季度平均每日营业额（不含折扣且计算结果只取整数部分）。

实训 5　认识统计函数

1. 训练要点

掌握常用统计函数的使用方法。

2. 需求说明

为了了解便利店 8 月商品的销售情况，将对图 4-104 所示的【8 月商品销售数据】工作表中的数据进行商品种数、平均销售总额、销售总额的最大值和销售总额的最小值等计算，最终得到的效果如图 4-105 所示。

	A	B	C	D	E	F	G	H	I	J
1	商品	单价	数量	销售总额	大类	商品种类：		销售总额区间	区间上限	频率
2	优益C活菌型乳酸菌饮品	7	1	7	饮料	饮料类的商品种类：		0–5	5	
3	咪咪虾条马来西亚风味	0.8	1	0.8	非饮料	平均每种商品的销售总额：		5–10	10	
4	四洲粟一烧烧烤味	9	1	9	非饮料	非饮料类商品平均每种商品的销售总额：		10–15	15	
5	卫龙亲嘴烧红烧牛肉味	1.5	1	1.5	非饮料	销售总额最大值：		15以上	无上限	
6	日式鱼果	4	1	4	非饮料	销售总额第二大值：				
7	咪咪虾条马来西亚风味	0.8	1	0.8	非饮料	销售总额最小值：				
8	优益C活菌型乳酸菌饮品	7	1	7	饮料	销售总额第二小值：				
9	无穷烤鸡小腿（蜂蜜）	3	1	3	非饮料	销售总额的众数：				
10	雪碧	3.5	1	3.5	饮料					

8月商品销售数据

图 4-104　原始的【8 月商品销售数据】工作表

	A	B	C	D	E	F	G	H	I	J
1	商品	单价	数量	销售总额	大类	商品种类：	28857	销售总额区间	区间上限	频率
2	优益C活菌型乳酸菌饮品	7	1	7	饮料	饮料类的商品种类	11547	0–5	5	21010
3	咪咪虾条马来西亚风味	0.8	1	0.8	非饮料	平均每种商品的销售总额：	4.7372	5–10	10	6473
4	四洲粟一烧烧烤味	9	1	9	非饮料	非饮料类商品平均每种商品的销售总额：	4.5381	10–15	15	930
5	卫龙亲嘴烧红烧牛肉味	1.5	1	1.5	非饮料	销售总额最大值：	125	15以上	无上限	444
6	日式鱼果	4	1	4	非饮料	销售总额第二大值	112.5			
7	咪咪虾条马来西亚风味	0.8	1	0.8	非饮料	销售总额最小值：	0			
8	优益C活菌型乳酸菌饮品	7	1	7	饮料	销售总额第二小值	0			
9	无穷烤鸡小腿（蜂蜜）	3	1	3	非饮料	销售总额的众数：	4.5			
10	雪碧	3.5	1	3.5	饮料					

8月商品销售数据

图 4-105　最终得到的【8 月商品销售数据】工作表

3. 实现思路及步骤

（1）使用 COUNT 函数统计商品种数。

（2）使用 COUNTIF 函数统计饮料类的商品种数。

（3）使用 AVERAGE 函数计算平均每种商品的销售总额。

（4）使用 AVERAGEIF 函数计算非饮料类商品平均每种商品的销售总额。

（5）使用 MAX 函数计算销售总额的最大值。

（6）使用 LARGE 函数计算销售总额的第二大值。

（7）使用 MIN 函数计算销售总额的最小值。

（8）使用 SMALL 函数计算销售总额的第二小值。

（9）使用 MODE.SNGL 函数计算销售总额的众数。

（10）使用 FREQUENCY 函数计算销售总额在给定区域（【8 月商品销售数据】工作表单元格区域 H2:H5）出现的频率。

实训 6 文本处理

1. 训练要点

掌握常用处理文本的函数的使用方法。

2. 需求说明

在【自助便利店销售业绩】工作簿中的【销售数据】工作表中，为了更加直观地了解便利店的商品情况，需分别用多种文本处理方法对【销售数据】工作表中商品信息进行调整。最终得到的效果如图 4-106 所示。

	A	B	C	D	E	F	G	H	I	J
1	商品名称	日期	单价	数量	总价	大类	二级类目	替换商品类别	合并类别	
2	优益C活菌型乳酸菌饮品	2017/9/5	7	1	7	饮料	乳制品	饮料	饮料（乳制品）	
3	咪咪虾条马来西亚风味	2017/9/6	0.8	1	0.8	非饮料	膨化食品	零食	非饮料（膨化食品）	
4	四洲粟一烧烧烤味	2017/9/6	9	1	9	非饮料	膨化食品	零食	非饮料（膨化食品）	
5	卫龙亲嘴烧红烧牛肉味	2017/9/6	1.5	1	1.5	非饮料	肉干/豆制品/蛋	零食	非饮料（肉干/豆制品/蛋）	
6	日式鱼果	2017/9/6	4	1	4	非饮料	膨化食品	零食	非饮料（膨化食品）	
7	咪咪虾条马来西亚风味	2017/9/6	0.8	1	0.8	非饮料	膨化食品	零食	非饮料（膨化食品）	
8	优益C活菌型乳酸菌饮品	2017/9/6	7	1	7	饮料	乳制品	饮料	饮料（乳制品）	
9	无穷烤鸡小腿（蜂蜜）	2017/9/6	3	1	3	非饮料	肉干/豆制品/蛋	零食	非饮料（肉干/豆制品/蛋）	
10	雪碧	2017/9/6	3.5	1	3.5	饮料	碳酸饮料	饮料	饮料（碳酸饮料）	
11	咪咪虾条马来西亚风味	2017/9/6	0.8	1	0.8	非饮料	膨化食品	零食	非饮料（膨化食品）	

销售数据

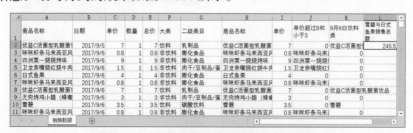

图 4-106 最终得到的【销售数据】工作表

3. 实现思路以及步骤

（1）运用 SUBSTITUTE 函数替换大类中的非饮料类为零食类。

（2）运用 CONCATENATE 函数合并大类和二级类目，按照“大类（二级类目）”的样式合并。

实训 7 逻辑运算

1. 训练要点

掌握常用逻辑函数的使用方法。

2. 需求说明

为了查看自助便利店中部分商品的销售情况，需结合逻辑运算函数与查找函数在【自助便利店销售业绩】工作簿中的【销售数据】工作表中查找单价超过 8 元和小于 3 元的商品名称等信息。最终得到的效果如图 4-107 所示。

	A	B	C	D	E	F	G	H	I	J	K	L
1	商品名称	日期	单价	数量	总价	大类	二级类目	商品名称	单价	单价超过8和小于3	9月6日饮料类	雪碧与日式鱼果销售总额：
2	优益C活菌型乳酸菌饮	2017/9/5	7	1	7	饮料	乳制品	优益C活菌型乳酸菌	7	0	优益C活菌型乳	245.5
3	咪咪虾条马来西亚风	2017/9/6	0.8	1	0.8	非饮料	膨化食品	咪咪虾条马来西亚风	0.8	咪咪虾条马来西	0	
4	四洲粟一烧烧烤味	2017/9/6	9	1	9	非饮料	膨化食品	四洲粟一烧烧烤味	9	四洲粟一烧烧	0	
5	卫龙亲嘴烧红烧牛肉	2017/9/6	1.5	1	1.5	非饮料	肉干/豆制品/蛋	卫龙亲嘴烧红烧牛肉	1.5	卫龙亲嘴烧红	0	
6	日式鱼果	2017/9/6	4	1	4	非饮料	膨化食品	日式鱼果	4	0	0	
7	咪咪虾条马来西亚风	2017/9/6	0.8	1	0.8	非饮料	膨化食品	咪咪虾条马来西亚风	0.8	咪咪虾条马来	0	
8	优益C活菌型乳酸菌饮	2017/9/6	7	1	7	饮料	乳制品	优益C活菌型乳酸菌	7	0	优益C活菌型乳酸菌饮品	
9	无穷烤鸡小腿（蜂蜜	2017/9/6	3	1	3	非饮料	肉干/豆制品/蛋	无穷烤鸡小腿（蜂蜜	3	0	0	
10	雪碧	2017/9/6	3.5	1	3.5	饮料	碳酸饮料	雪碧	3.5	0	雪碧	
11	咪咪虾条马来西亚风	2017/9/6	0.8	1	0.8	非饮料	膨化食品	咪咪虾条马来西亚风	0.8	咪咪虾条马来	0	

销售数据

图 4-107 最终得到的【销售数据】工作表

3. 实现思路以及步骤

（1）在【销售数据】工作表使用 IF 函数提取"商品名称"和"单价"字段。

（2）在【销售数据】工作表使用 IF 函数查找单价超过 8 元和小于 3 元的商品名称。

（3）在【销售数据】工作表使用 IF 函数查找 9 月 6 日大类为饮料类的商品名称。

（4）在【销售数据】工作表使用 SUMIF 函数计算商品雪碧与日式鱼果的销售总额。

课后习题

基于第 2 章课后习题用到的某商场"超市商品销售数据.xlsx"的原始数据，为进一步了解超市商品的销售情况，需在【超市商品销售数据】工作表中计算商品销售额和平均日销售额等，具体操作如下。

（1）运用公式计算商品销售额。

（2）运用 SUMIF 函数计算销售日期为 2015-01-01 的商品销售总额。

（3）运用 YEAR 函数、MONTH 函数和 DAY 函数分别提取销售日期的年份、月份和天数。

（4）运用 SUM 函数、平均计算公式和 SUMIF 函数，计算超市商品销售总额（含小数）、平均每日销售额和生鲜类的销售总额。

（5）运用 COUNT 函数、AVERAGE 函数、MAX 函数和 MIN 函数统计生鲜类的商品种数、平均每种商品的销售额，以及销售额的最大值和最小值。

（6）运用 CONCATENATE 函数合并大类名称和小类名称。

（7）运用 RIGHT 函数提取商品编码的最后 3 位数字。

（8）运用 IF 函数找出商品类型为生鲜，且销售额大于 10 元的商品编码。最终得到的效果如图 4-108 所示。

商品编号	商品类型	销售数量	商品单价	销售额	年份	月份	天数	合并名称	提取商品编码	商品类型为生鲜，且销售额大于10	2015-01-01销售总额	3061.6347
DW-1201090311	生鲜	8	2	16	2015		1	蔬菜其它蔬	311	DW-120109	销售总额	487466.7
DW-1201040026	生鲜	0.83	1.98	1.6434	2015		1	蔬菜花果	026	DW-120104	平均每日销售额	4352.382
DW-1308010192	生鲜	4	0.5	2	2015		1	现制中式品	192	DW-130801	生鲜类的销售总额	113315.7
DW-1201040031	生鲜	1.078	3.16	3.40648	2015		1	蔬菜花果	031	DW-120104	商品种类	42809
DW-2006010001	一般商品	3.237	4.2	13.5954	2015	4	25	五谷杂粮散	001	DW-200601	平均每种商品的销售额	11.38702
DW-2014010019	一般商品	6	0.5	3	2015		1	酱菜类榨菜	019		销售额最大值	5340
DW-1201030002	生鲜	0.456	2.78	1.26768	2015		1	蔬菜芽菜	002	DW-120103	销售额最小值	-165
DW-2007090052	一般商品	1	5.7	5.7	2015		1	南北干货粉	052		0	
DW-1201010023	生鲜	0.91	2.56	2.3296	2015		1	蔬菜叶菜	023	DW-1201010023		
DW-3118010082	一般商品	1	13.5	13.5	2015	2	15	打扫用品手	082	DW-3118010082		

图 4-108 最终的【超市商品销售数据】工作表

第❺章 数据透视表和数据透视图

数据透视表可以转换行和列，用于展示源数据的不同汇总结果，也可以展示不同页面以筛选数据，还可以根据用户的需求展示数据区域中的数据。数据透视图是另一种数据的表现形式，与数据透视表不同的地方在于运用数据透视图可以选择适当的图表，并使用多种颜色来描述数据的特性。本章主要介绍数据透视表的创建、编辑方法和数据透视表中数据的常用操作，以及数据透视图的创建方法。

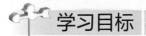
学习目标

（1）掌握数据透视表的创建方法。
（2）掌握数据透视表的编辑方法。
（3）熟悉数据透视表中数据的常用操作。
（4）掌握数据透视图的创建方法。

任务 5.1　创建数据透视表

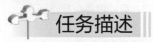
任务描述

利用数据透视表能全面、灵活地对数据进行分析、汇总，并且通过转换行或列，可得到多种分析结果，还可以展示不同的页面以筛选数据。为了方便对某餐饮店的订单信息进行后续分析，需要根据已有数据在 Excel 中创建一个数据透视表。

任务分析

（1）单击【插入】选项卡的【表格】命令组中的【推荐的数据透视表】按钮，自动创建数据透视表。
（2）单击【插入】选项卡的【表格】命令组中【数据透视表】按钮，手动创建数据透视表。

5.1.1　自动创建数据透视表

利用 Excel 自动创建数据透视表，具体操作步骤如下。
（1）打开【推荐的数据透视表】对话框。打开【订单信息.xlsx】工作簿，单击数据区域内任一单元格，然后在【插入】选项卡的【表格】命令组中单击【推荐的数据透视表】按钮，如图 5-1 所示，打开【推荐的数据透视表】对话框，如图 5-2 所示。

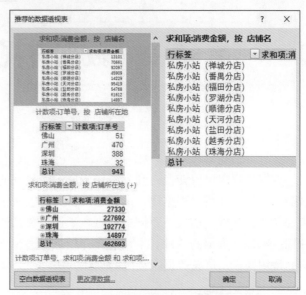

图 5-1 【推荐的数据透视表】按钮　　　　图 5-2 【推荐的数据透视表】对话框

　　在【推荐的数据透视表】对话框中显示了一些缩览图，其展示了可以选择的数据透视表。

　　（2）选择数据透视表。在【推荐的数据透视表】对话框左边的缩览图中选择其中一个数据透视表，此处选择第一个数据透视表，然后单击【确定】按钮，Excel 2016 将自动在一个新的工作表中创建数据透视表，如图 5-3 所示。

图 5-3 自动创建数据透视表

5.1.2　手动创建数据透视表

　　如果系统推荐的数据透视表都不能满足需求，那么可以手动创建数据透视表，具体操作步骤如下。

　　（1）打开【创建数据透视表】对话框。打开【订单信息】工作表，单击数据区域内任一单元格，再在【插入】选项卡的【表格】命令组中单击【数据透视表】按钮，打开【创建数据透视表】对话框，如图 5-4 所示。

　　其中，选择的数据为整个数据区域，而放置数据透视表的位置默认为新工作表，但是用户可以指定放置在现有的工作表中。

　　（2）创建空白数据透视表。单击【创建数据透视表】对话框中的【确定】按钮，Excel 2016 将创建一个空白数据透视表，并显示【数据透视表字段】窗格，如图 5-5 所示。

图 5-4 【创建数据透视表】对话框

　　（3）添加字段。将"结算时间"字段拖曳至【筛选】区域，再将"店铺所在地"和"店铺名"字段分别拖曳至【行】区域，然后将"消费金额"字段拖曳至【值】区域，如图 5-6

所示，创建的数据透视表如图 5-7 所示。

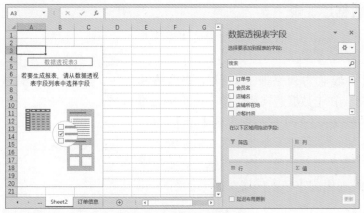

图 5-5　空白数据透视表

图 5-6　添加数据透视表字段

图 5-7　手动创建的数据透视表

任务 **5.2**　编辑数据透视表

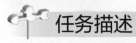 任务描述

　　对于制作好的数据透视表，有时还需要对数据透视表进行编辑，使数据透视表的内容展示更符合分析要求、更加美观。为了更好地展示和分析餐饮店的订单信息数据，需要在 Excel 2016 中对 5.1.2 小节所创建的数据透视表进行编辑。

任务分析

　　（1）对数据透视表展示的内容进行修改（修改行、列字段）。
　　（2）对创建好的数据透视表的名称进行更改。
　　（3）将数据透视表的布局改为表格形式。

（4）对数据透视表的样式进行修改，使数据透视表更加美观。

5.2.1 修改数据透视表

对数据透视表展示的内容进行修改，具体操作步骤如下。

（1）将行字段改为列字段。打开【数据透视表.xlsx】工作簿，在【数据透视表字段】窗格中，将"店铺所在地"字段由【行】区域拖曳到【列】区域，如图 5-8 所示，此时的数据透视表如图 5-9 所示。

（2）将列字段改为行字段。将"店铺所在地"字段由【列】区域拖曳到【行】区域，效果如图 5-10 所示。

对比图 5-7 与图 5-10 可知，同一区域的字段顺序不同，数据透视表展示的效果也会有所不同。

图 5-8　数据透视表字段

图 5-9　修改后的数据透视表（1）

图 5-10　修改后的数据透视表（2）

5.2.2 重命名数据透视表

对创建好的数据透视表的名称进行更改，具体操作步骤如下。

（1）打开【数据透视表选项】对话框。在 5.2.1 小节修改后的数据透视表中，单击数据区域内任一单元格，然后在【分析】选项卡的【数据透视表】命令组中单击【选项】按钮，打开【数据透视表选项】对话框，如图 5-11 所示。

（2）输入数据透视表的新名称。在【数据透视表名称】文本框中输入"订单信息"，如图 5-12 所示。

（3）确认设置。单击【确定】按钮即可完成对数据透视表名称的更改。

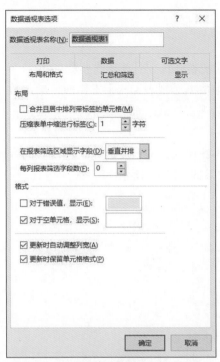

图 5-11　【数据透视表选项】对话框

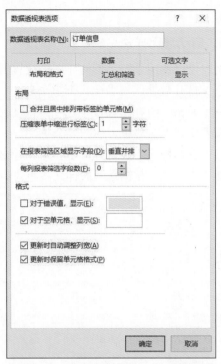

图 5-12　在文本框中输入"订单信息"

5.2.3　改变数据透视表的布局

改变数据透视表的布局包括设置分类汇总、总计，以及设置报表布局和空行等。现将数据透视表的布局改为表格形式。

打开【数据透视表.xlsx】工作簿，单击数据区域内任一单元格，再在【设计】选项卡的【布局】命令组中单击【报表布局】按钮，如图 5-13 所示，然后在打开的下拉菜单中选择【以表格形式显示】命令，该数据透视表即以表格形式显示，如图 5-14 所示。

1	结算时间	(全部)	▼	
2				
3	店铺名	▼	店铺所在地	▼ 求和项:消费金额
4	⊟私房小站（禅城分店）		佛山	13101
5	私房小站（禅城分店）汇总			**13101**
6	⊟私房小站（番禺分店）		广州	70661
7	私房小站（番禺分店）汇总			**70661**
8	⊟私房小站（福田分店）		深圳	92097
9	私房小站（福田分店）汇总			**92097**
10	⊟私房小站（罗湖分店）		深圳	45909
11	私房小站（罗湖分店）汇总			**45909**
12	⊟私房小站（顺德分店）		佛山	14229
13	私房小站（顺德分店）汇总			**14229**
14	⊟私房小站（天河分店）		广州	95419
15	私房小站（天河分店）汇总			**95419**
16	⊟私房小站（盐田分店）		深圳	54768
17	私房小站（盐田分店）汇总			**54768**
18	⊟私房小站（越秀分店）		广州	61612
19	私房小站（越秀分店）汇总			**61612**
20	⊟私房小站（珠海分店）		珠海	14897
21	私房小站（珠海分店）汇总			**14897**
22	总计			**462693**

图 5-13　单击【报表布局】按钮　　图 5-14　数据透视表的布局改为表格形式的效果

5.2.4　设置数据透视表样式

在工作表中插入数据透视表后，还可以对数据透视表的样式进行设置，使数据透视表更加美观。

1. 自动套用样式

用户可以使用系统自带的样式来设置数据透视表样式，具体操作步骤如下。

（1）打开数据透视表样式下拉菜单。打开【数据透视表.xlsx】工作簿，单击数据区域内任一单元格，再在【设计】选项卡的【数据透视表样式】命令组中单击 按钮，打开数据透视表样式下拉菜单，如图 5-15 所示。

（2）选择样式。在打开的下拉菜单中选择一种样式，即可更改数据透视表的样式，此处选择"浅橙色，数据透视表样式浅色 17"，效果如图 5-16 所示。

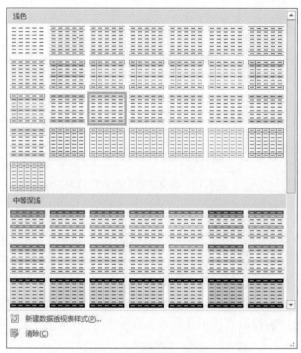

图 5-15　数据透视表样式

图 5-16　自动套用样式的效果

2. 自定义数据透视表样式

如果系统自带的数据透视表样式不能满足需求，那么用户还可以自定义数据透视表样式，具体操作步骤如下。

（1）打开【新建数据透视表样式】对话框。在【设计】选项卡的【数据透视表样式】命令组中单击 按钮，在打开的下拉菜单中选择【新建数据透视表样式】命令，打开【新建数据透视表样式】对话框，如图 5-17 所示。

（2）输入新样式名称和选择表元素。在【名称】文本框中输入样式的名称，此处输入"新建样式 1"，然后在【表元素】列表框中选择【整个表】选项，如图 5-18 所示。

（3）打开【设置单元格格式】对话框。单击【格式】按钮，打开【设置单元格格式】对话框，如图 5-19 所示。

图 5-17 【新建数据透视表样式】对话框

图 5-18 输入新样式名称和选择表元素

（4）设置边框样式。切换到【边框】选项卡，在【样式】列表框中选择"无"下面的虚线样式，再在【颜色】下拉列表框中设置边框的颜色为"蓝色"，然后在【预置】中选择【外边框】，如图 5-20 所示。

图 5-19 【设置单元格格式】对话框

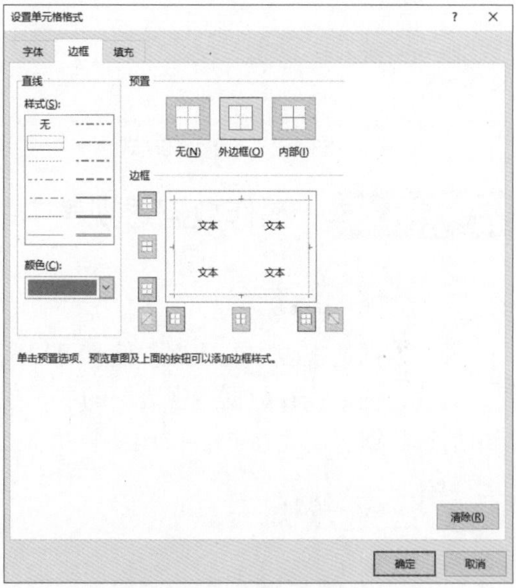

图 5-20 设置边框样式

（5）确认设置。单击【确定】按钮，返回【新建数据透视表样式】对话框，再单击【确定】按钮，返回工作表。

（6）打开数据透视表样式的下拉菜单。在【设计】选项卡的【数据透视表样式】命令组中单击▽按钮，在打开的下拉菜单中将会出现一个自定义样式，如图 5-21 所示。

（7）选择"新建样式 1"。选择"新建样式 1"，结果如图 5-22 所示。

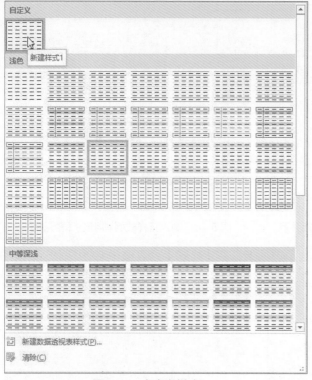

图 5-21　自定义样式　　　　　　　图 5-22　自定义数据透视表样式的效果

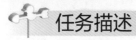 操作数据透视表中的数据

任务描述

　　操作数据透视表中的数据，使其可以随数据源数据的修改而更新，对数据的分析更方便、高效，使数据在数据透视表中的展示也更加清晰。为了更清晰地展示和分析餐饮店的订单信息数据，需要在 Excel 2016 中对 5.1.2 小节中创建的数据透视表进行更改。

任务分析

　　（1）利用【刷新】按钮，对数据透视表进行更新。
　　（2）对数据透视表的字段进行添加、重命名、删除字段等设置。
　　（3）将数据透视表的"消费金额"字段的汇总方式改为最大值。
　　（4）利用切片器筛选不同地点的店铺订单数据，用日程表筛选不同月份的订单数据。

5.3.1　刷新数据透视表

　　数据透视表的数据来源于数据源，不能在透视表中直接修改。当原数据表中的数据被修改之后，数据透视表不会自动更新，必须执行更新操作才能刷新数据透视表，具体操作步骤如下。

　　打开【订单信息.xlsx】工作簿，切换至【Sheet2】工作表，右键单击数据透视表的任一单元格，然后在打开的快捷菜单中选择【刷新】命令，如图 5-23 所示。

或在【分析】选项卡的【数据】命令组中单击【刷新】按钮对数据透视表进行更新，如图 5-24 所示。

图 5-23　选择【刷新】命令　　　图 5-24　通过【刷新】按钮对数据透视表进行更新

5.3.2　设置数据透视表的字段

在创建完数据透视表后，用户还可以对数据透视表的字段进行相应的设置。

1. 添加字段

除了直接将字段拖曳到对应区域中，向数据透视表添加字段还有以下两种方法。

（1）打开【订单信息.xlsx】工作簿，切换到【Sheet2】工作表，再在【选择要添加到报表的字段】列表框中勾选【是否结算（0.未结算.1.已结算）】复选框，如图 5-25 所示，根据字段的特点，该字段会被添加到【值】区域，所得的数据透视表如图 5-26 所示。

图 5-25　勾选复选框添加字段

95

需要注意的是，所选字段将被添加到 Excel 2016 默认的区域：非数字字段添加到【行】区域，日期和时间层次结构字段添加到【列】区域，数值字段添加到【值】区域。

（2）右键单击"是否结算（0.未结算.1.已结算）"，然后在打开的快捷菜单中选择【添加到数值】命令，如图 5-27 所示，该字段即被添加到【值】区域处。

图 5-26　添加字段到【值】区域后的效果

图 5-27　通过快捷菜单添加字段

2. 重命名字段

将数据透视表中的字段进行重命名，如将值字段中的"求和项:是否结算（0.未结算.1.已结算）"更改为"订单数"，具体操作步骤如下。

（1）打开【值字段设置】对话框。在【值】区域中单击【求和项:是否结算（0.未结算.1.已结算）】旁边的下拉按钮，然后在打开的下拉列表框中选择【值字段设置】选项，打开【值字段设置】对话框，如图 5-28 所示。

（2）输入"订单数"。在【自定义名称】文本框中输入"订单数"，如图 5-29 所示。

图 5-28　【值字段设置】对话框　　　　　图 5-29　输入"订单数"

（3）确定设置。单击【确定】按钮，效果如图 5-30 所示。

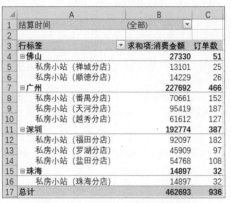

图 5-30　重命名字段后的效果

3. 删除字段

如在数据透视表中删除"订单数"字段有以下两种方法。

（1）通过快捷菜单删除"订单数"字段。在【值】区域中单击"订单数"字段旁边的下拉按钮，然后在打开的下拉列表框中选择【删除字段】选项，如图 5-31 所示，效果如图 5-32 所示。

图 5-31　【删除字段】选项

图 5-32　删除字段后的效果

（2）用拖曳法删除"订单数"字段。在【值】区域中将鼠标指针移动到"订单数"字段上，按住鼠标左键不放将其拖曳到【数据透视表字段】窗格外，然后释放鼠标进行删除，如图 5-33 所示。

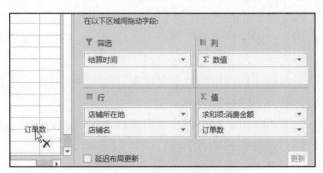

图 5-33　用拖曳法删除字段

5.3.3 改变数据透视表的汇总方式

在数据透视表中，数据的汇总方式默认为求和，但还有计数、平均值、最大值、最小值等汇总方式。将数据透视表的汇总方式改为最大值，具体操作步骤如下。

（1）打开【值字段设置】对话框。在【值】区域中单击【求和项:消费金额】旁边的下拉按钮，然后在打开的下拉列表框中选择【值字段设置】选项，打开【值字段设置】对话框，如图 5-34 所示。

（2）选择计算类型并确定设置。在【值字段汇总方式】列表框中选择【最大值】选项，然后单击【确定】按钮，效果如图 5-35 所示。

图 5-34　【值字段设置】对话框

图 5-35　改变数据透视表汇总方式后的效果

5.3.4 筛选数据

在数据透视表中，还可以对数据进行筛选操作。数据筛选的方式有使用切片器筛选数据和使用日程表筛选数据两种，合理地筛选数据可增强数据的可视性，以便对数据进行研究。

1. 使用切片器筛选数据

切片器是一个交互式的控件，它提供了一种可视性极强的筛选方式来筛选数据透视表中的数据。使用切片器筛选数据的具体操作步骤如下。

（1）打开【插入切片器】对话框。打开【订单信息.xlsx】工作簿，切换到【Sheet2】工作表，单击数据区域内任一单元格，在【分析】选项卡的【筛选】命令组中，单击【插入切片器】按钮，打开【插入切片器】对话框，如图 5-36 所示。

（2）插入切片器。勾选【店铺所在地】复选框，然后单击【确定】按钮，此时即可插入【店铺所在地】切片器，如图 5-37 所示。

（3）筛选数据。在【店铺所在地】切片器中选择【广州】选项，则在数据透视表中只会显示广州的消费金额，如图 5-38 所示。

图 5-36　【插入插片器】对话框

图 5-37　【店铺所在地】切片器

图 5-38　只显示广州的消费金额

2. 使用日程表筛选数据

只有当数据透视表中包含日期格式的字段时，才能使用日程表筛选数据。使用日程表筛选数据的具体操作步骤如下。

（1）打开【插入日程表】对话框。单击数据区域内任一单元格，然后在【分析】选项卡的【筛选】命令组中单击【插入日程表】按钮，打开【插入日程表】对话框，如图 5-39所示。

（2）插入【结算时间】日程表。勾选【结算时间】复选框，此时即可插入【结算时间】日程表，如图 5-40 所示。

（3）筛选出广州 8 月的消费金额。选择【8 月】选项，则在数据透视表中只会显示广州 8 月的消费金额，如图 5-41 所示。

图 5-39 【插入日程表】对话框

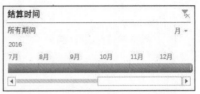

图 5-40 【结算时间】日程表

图 5-41 只显示广州 8 月的消费金额

任务 5.4 创建数据透视图

任务描述

数据透视图可以实现更加形象化地展现数据的情况。数据透视图可以根据数据区域创建，也可以根据已经创建好的数据透视表创建。在 Excel 2016 中分别利用这两种方式创建数据透视图，可以展示每个地区的每个店的用户消费情况。

任务分析

（1）根据数据区域创建不同店铺消费金额柱形图。

（2）根据数据透视表创建不同店铺消费金额占比饼图。

5.4.1 根据数据区域创建数据透视图

根据数据区域创建数据透视图的具体操作步骤如下。

（1）打开【创建数据透视图】对话框。打开【订单信息.xlsx】工作簿，切换到【订单信息】工作表，然后单击数据区域内任一单元格，再在【插入】选项卡的【图表】命令组中单击【数据透视图】按钮，打开【创建数据透视图】对话框，如图 5-42 所示。

（2）创建一个空白数据透视图。单击【确定】按钮，Excel 2016 将创建一个空白数据透视图，并显示【数据透视图字段】窗格，如图 5-43 所示。

图 5-42 【创建数据透视图】对话框　　　　图 5-43 空白数据透视图

（3）设置字段。将"结算时间"字段拖曳至【筛选】区域，再将"店铺所在地"和"店铺名"字段分别拖曳至【轴(类别)】区域，然后将【消费金额】字段拖曳至【值】区域，如图 5-44 所示。

（4）修改数据透视图标题为"不同店铺消费金额"，效果如图 5-45 所示。

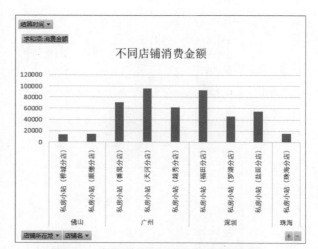

图 5-44 添加数据透视图字段　　　　图 5-45 根据数据区域创建的数据透视图

5.4.2 根据数据透视表创建数据透视图

根据数据透视表创建数据透视图的具体操作步骤如下。

（1）打开【插入图表】对话框。在【sheet2】工作表中单击数据透视表内的任一单元格，然后在【分析】选项卡的【工具】命令组中单击【数据透视图】按钮，打开【插入图表】对话框，如图 5-46 所示。

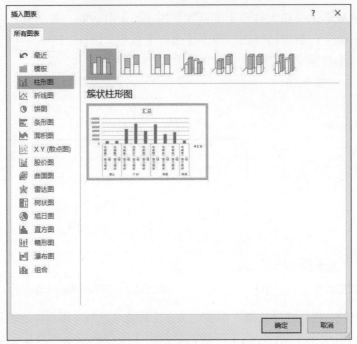

图 5-46　【插入图表】对话框

（2）选择图表。在【所有图表】选项卡的左侧选择【饼图】选项，然后再在右侧选择【饼图】选项，如图 5-47 所示。

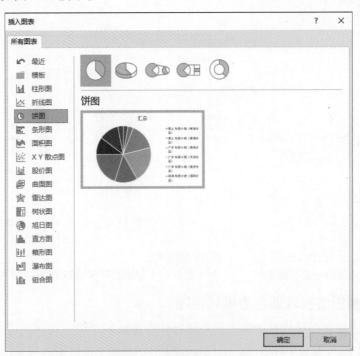

图 5-47　选择【饼图】选项

（3）确定设置。单击【确定】按钮，效果如图 5-48 所示。

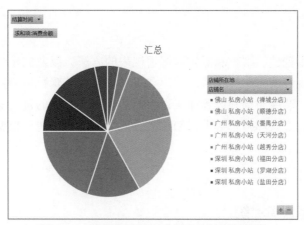

图 5-48　根据数据透视表创建的数据透视图

（4）美化饼图，具体操作步骤如下。

① 单击饼图右侧的 ➕ 按钮，勾选【数据标签】复选框，再单击 ▶ 按钮，选择【更多选项…】，如图 5-49 所示。

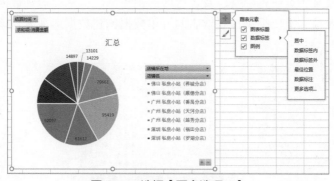

图 5-49　选择【更多选项…】

② 勾选【百分比】复选框，选中【数据标签外】单击按钮，如图 5-50 所示。

③ 修改图表标题为"不同店铺消费金额占比"，效果如图 5-51 所示。

图 5-50　设置数据标签格式

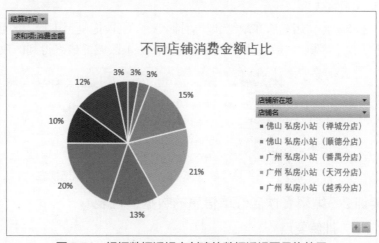

图 5-51　根据数据透视表创建的数据透视图最终效果

小结

本章主要介绍了创建、编辑和操作数据透视表的方法，以及创建数据透视图的方法。其中，创建数据透视表的方法包括自动创建和手动创建；编辑数据透视表的方法包括修改展示内容、重命名、改变布局和设置样式；数据透视表中数据的常用操作包括刷新数据、设置字段、改变汇总方式和筛选数据；创建数据透视图的方法包括根据数据区域创建和根据数据透视表创建。

实训

实训 1   餐饮店销售情况统计

1. 训练要点

掌握创建数据透视表的不同方法。

2. 需求说明

为了快速汇总某餐饮店各套餐以及各地区的销售情况，从而对其数据进行分析，以便提高该餐饮店的业绩，需要根据该餐饮店的订单数据创建数据透视表。该餐饮店的订单表如图 5-52 所示。

	A	B	C	D	E	F	G	H	I
1	订单号	菜品号	菜品名称	数量	价格	销售额	店铺名称	店铺所在地	订单时间
2	152	610047	套餐一	2	29	58	味乐多（蛇口分店）	深圳	2017/8/20
3	138	610048	套餐二	1	33	33	味乐多（蛇口分店）	深圳	2017/8/20
4	125	610047	套餐一	2	29	58	味乐多（蛇口分店）	深圳	2017/8/20
5	178	610049	套餐三	1	38	38	味乐多（蛇口分店）	深圳	2017/8/20
6	131	610049	套餐三	4	38	152	味乐多（蛇口分店）	深圳	2017/8/21
7	135	610050	套餐四	1	46	46	味乐多（蛇口分店）	深圳	2017/8/21
8	124	610048	套餐二	1	33	33	味乐多（海珠分店）	广州	2017/8/20
9	128	610048	套餐二	1	33	33	味乐多（海珠分店）	广州	2017/8/20
10	130	610049	套餐三	2	38	76	味乐多（海珠分店）	广州	2017/8/20

图 5-52   某餐饮店的订单表

3. 实现思路及步骤

（1）打开【订单表.xlsx】工作簿，在新工作表中创建数据透视表。将新工作表命名为"订单透视表"。

（2）将"店铺所在地"和"店铺名称"字段拖曳至【行】区域，"菜品名称"字段拖曳至【列】区域，"销售额"字段拖曳至【值】区域，最终得到的效果如图 5-53 所示。

3	求和项:销售额		菜品名称				
4	店铺所在地	店铺名称	套餐二	套餐三	套餐四	套餐一	总计
5	广州	味乐多（番禺分店）	66	38	138		242
6		味乐多（海珠分店）	165	76	46	29	316
7	广州 汇总		231	114	184	29	558
8	深圳	味乐多（蛇口分店）	33	190	46	116	385
9	深圳 汇总		33	190	46	116	385
10	珠海	味乐多（香洲分店）		38	46	87	171
11	珠海 汇总			38	46	87	171
12	总计		264	342	276	232	1114

图 5-53   需要创建的数据透视表

实训 2   编辑餐饮店订单信息的数据透视表

1. 训练要点

掌握编辑数据透视表的常用方法。

2．需求说明

对实训 1 制作好的数据透视表进行修改数据透视表、重命名透视表、改变其布局、为其设置样式等操作。

3．实现思路及步骤

（1）修改数据透视表，将"菜品名称"字段由【列】区域拖曳到【行】区域。

（2）重命名数据透视表，将数据透视表重命名为"不同店铺销售额"。

（3）改变数据透视表的布局，将该数据透视表以表格形式进行展示。

（4）设置数据透视表的样式，为该数据透视表设置"浅绿，数据透视表样式浅色 21"样式，最终得到的效果如图 5-54 所示。

店铺所在地	店铺名称	菜品名称	求和项:销售额
⊟广州	⊟味乐多（番禺分店）	套餐二	66
		套餐三	38
		套餐四	138
	味乐多（番禺分店）汇总		242
	⊟味乐多（海珠分店）	套餐二	165
		套餐三	76
		套餐四	46
		套餐一	29
	味乐多（海珠分店）汇总		316
广州 汇总			558
⊟深圳	⊟味乐多（蛇口分店）	套餐二	33
		套餐三	190
		套餐四	46
		套餐一	116
	味乐多（蛇口分店）汇总		385
深圳 汇总			385
⊟珠海	⊟味乐多（香洲分店）	套餐三	38
		套餐四	46
		套餐一	87
	味乐多（香洲分店）汇总		171
珠海 汇总			171
总计			1114

图 5-54　编辑后的最终效果图

实训 3　操作餐饮店订单信息的数据透视表

1．训练要点

掌握数据透视表中的常用操作。

2．需求说明

对实训 1 创建好的数据透视表进行更新数据透视表的数据、设置数据透视表的字段、改变汇总方式、筛选数据等操作。

3．实现思路及步骤

（1）刷新数据透视表。

（2）设置数据透视表字段，删除"店铺所在地"字段。

（3）改变数据透视表汇总方式，将"销售额"的汇总方式改为平均值，并修改字段名。

（4）使用日程表筛选数据，最终的效果如图 5-55 所示。

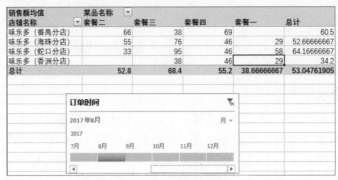

图 5-55　最终效果图

实训 4　餐饮店销售情况分析

1. 训练要点

掌握创建数据透视图的不同方法。

2. 需求说明

为了更直观地分析该餐饮店的销售情况，需要创建数据透视图。

3. 实现思路及步骤

（1）打开【订单表.xlsx】工作簿，切换到【订单表】工作表，根据数据区域创建数据透视图。

（2）切换到【订单透视表】工作表，根据数据透视表创建数据透视图。

（3）将"店铺所在地"和"店铺名称"字段拖曳至【行】区域，"菜品名称"字段拖曳至【列】区域，"销售额"字段拖曳至【值】区域，并修改图表标题，最终得到的效果如图 5-56 所示。

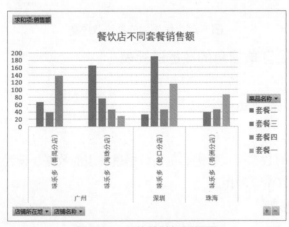

图 5-56　最终的数据透视图

课后习题

近年来，随着新零售业的快速发展，消费者在购买商品时有了更多的对比和选择，导致超市行业的竞争日益激烈，利润空间不断压缩。在超市的经营管理过程中产生了大量数据，对这些数据进行分析，可以提升超市的竞争力，为超市的运营及经营策略调整提供重要的依据。根据超市商品销售数据完成以下操作。

（1）根据【超市商品销售数据】工作簿，对"商品类型"字段进行筛选，将"销售日期"字段拖曳至【列】区域，"销售金额"字段拖曳至【值】区域，创建不同类型商品的每日总销售金额数据透视表，如图 5-57 所示。

（2）根据步骤（1）创建的数据透视表，用折线图展示生鲜类商品每日销售金额，并修改图表标题，最终的效果如图 5-58 所示。

	A	B
1	商品类型	生鲜
2		
3	行标签	求和项:销售金额
4	2015-01-01	676.61
5	2015-01-02	870.83
6	2015-01-03	669.44
7	2015-01-04	574.66
8	2015-01-05	835
9	2015-01-06	830.96
10	2015-01-07	1689.16

图 5-57 不同类型商品每日
总销售金额数据透视表

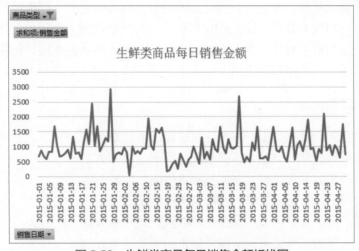

图 5-58 生鲜类商品每日销售金额折线图

第 6 章　数据分析与可视化

通过数据分析可视化，化抽象为具体，将隐藏于数据中的规律直观地展现出来。只有用普遍联系的、全面系统的、发展变化的观点观察事物，才能把握事物发展规律。图表是数据分析可视化最重要的工具之一，通过点的位置、曲线的走势、图形的面积等形式，直观地呈现研究对象间的关系。Excel 2016 提供了多种类型的图表供用户选择和使用。本章主要介绍数据分析与可视化常用的图表类型以及部分图表的绘制方法，包括柱形图、条形图、折线图、饼图、散点图和雷达图。

学习目标

（1）了解柱形图的常见类型，掌握簇状柱形图的绘制方法。
（2）了解条形图的常见类型，掌握簇状条形图的绘制方法。
（3）了解折线图的常见类型，掌握基础折线图的绘制方法。
（4）了解饼图的常见类型，掌握基础饼图的绘制方法。
（5）了解散点图的常见类型，掌握基础散点图的绘制方法。
（6）了解雷达图的常见类型，掌握基础雷达图的绘制方法。

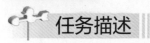　绘制柱形图

任务描述

柱形图是以宽度相等的柱形高度的差异来展示统计指标数值大小的一种图形，常用于展示一段时间内的数据变化或展示各项指标之间的比较情况。为了分析各省份员工的性别分布情况，需要根据【各省份员工性别分布】工作表绘制簇状柱形图。

任务分析

（1）了解常见的柱形图类型及其作用。
（2）根据【各省份员工性别分布】工作表绘制簇状柱形图。

6.1.1　常见的柱形图类型

常见的柱形图包括簇状柱形图、堆积柱形图和百分比堆积柱形图。

簇状柱形图用于比较各个类别的值，如图 6-1 所示，其展示了各省份员工的男女人数分布。

堆积柱形图用于展示单个项目与整体之间的关系，图 6-2 即展示了各省份员工的男女人数分布。

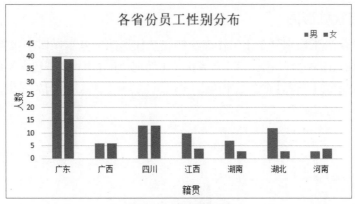

图6-1 簇状柱形图

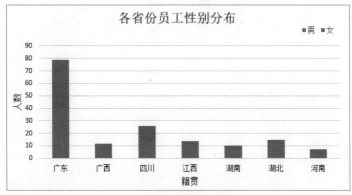

图6-2 堆积柱形图

百分比堆积柱形图用于比较各个类别数占总类别数的百分比大小，图 6-3 即展示了各部门每个年龄段员工的占比情况。

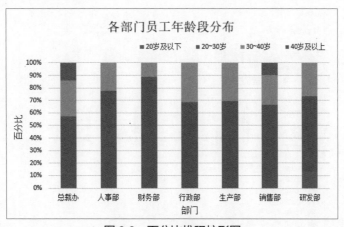

图6-3 百分比堆积柱形图

所谓的"堆积"，就是将数据表中同一行（图表中同一横坐标值）的数据相加。同一部门的 4 个年龄段的数据相加结果为 100%，然后根据所占的比例来分配各年龄段的颜色区域大小。

6.1.2 绘制簇状柱形图

根据【各省份员工性别分布】工作表绘制簇状柱形图的基本操作步骤如下。

（1）打开【插入图表】对话框。在【各省份员工性别分布】工作表中选中单元格区域 A1:C8，再在【插入】选项卡的【图表】命令组中单击 按钮，打开【插入图表】对话框，如图 6-4 所示。

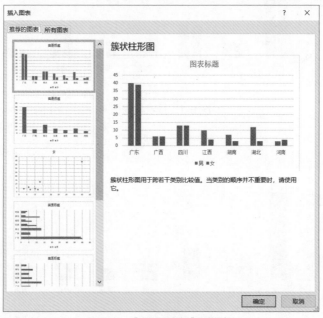

图 6-4 【插入图表】对话框

（2）绘制簇状柱形图。切换至【所有图表】选项卡，选择【柱形图】选项，如图 6-5 所示，然后单击【确定】按钮即可绘制簇状柱形图，如图 6-6 所示。

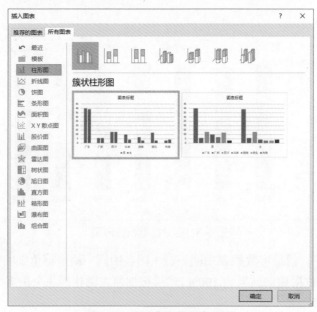

图 6-5 选择【柱形图】选项

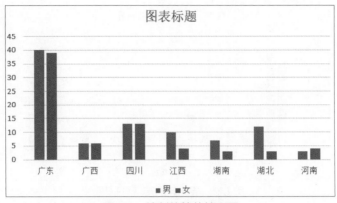

图 6-6　绘制的簇状柱形图

（3）美化簇状柱形图。具体操作步骤如下。

① 修改图表标题。单击【图表标题】文本，激活图表标题文本框，将其修改为"各省份员工性别分布"，然后将字体改为宋体，字体颜色改为黑色，如图 6-7 所示。

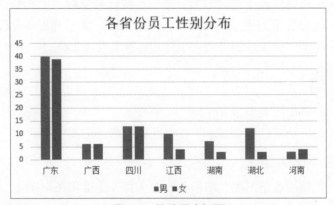

图 6-7　修改图表标题

② 添加坐标轴标题。单击图表右侧的 ✛ 按钮，在打开的列表框中勾选【坐标轴标题】复选框，然后将横坐标标题修改为"籍贯"，纵坐标标题修改为"人数"；将坐标轴标题和坐标轴标签的字体改为宋体，字体颜色改为黑色，如图 6-8 所示。

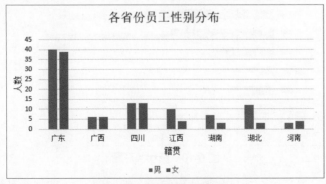

图 6-8　添加坐标轴标题

③ 将图例移至图表右上角，如图 6-9 所示。

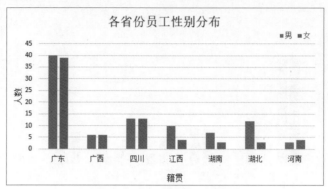

图 6-9　美化后的簇状柱形图

任务 **6.2**　绘制条形图

任务描述

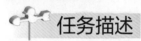

条形图是以宽度相等的条形长度的差异来展示统计指标数值大小的一种图形。在条形图中，通常沿纵坐标轴标记类别，沿横坐标轴标记数值。为了分析各部门员工的性别分布情况，需要根据【各部门员工性别分布】工作表绘制簇状条形图。

任务分析

（1）了解常见的条形图类型及其作用。
（2）根据【各部门员工性别分布】工作表绘制簇状条形图。

6.2.1　常见的条形图类型

常见的条形图包括簇状条形图、堆积条形图和百分比堆积条形图。

簇状条形图用于比较各个类别的值，图 6-10 即展示了各部门男性人数与女性人数的分布。

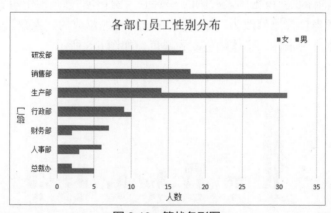

图 6-10　簇状条形图

堆积条形图用于展示单个项目与整体之间的关系，图 6-11 即展示了各部门员工人数，并展示了男女人数的分布。

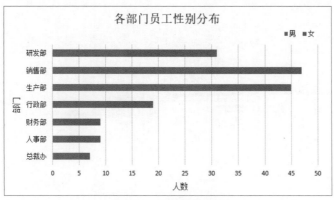

图 6-11　堆积条形图

百分比堆积条形图用于比较各个类别的每一数值所占总数值的百分比大小，图 6-12 即展示了各部门每个年龄段员工的占比情况。

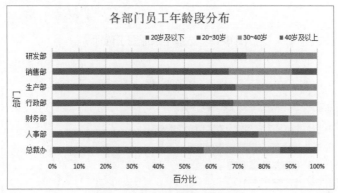

图 6-12　百分比堆积条形图

6.2.2　绘制簇状条形图

根据【各部门员工性别分布】工作表绘制簇状条形图的基本操作步骤如下。

（1）绘制簇状条形图。打开【各部门员工性别分布】工作表，选中单元格区域 A1:C8，然后在【插入】选项卡的【图表】命令组中绘制单击 按钮，打开【插入图表】对话框，接着切换至【所有图表】选项卡，选择【条形图】选项，如图 6-13 所示，最后单击【确定】按钮即可绘制簇状条形图，如图 6-14 所示。

（2）美化簇状条形图。具体操作步骤如下。

① 单击【图表标题】文本激活图表标题文本框，将图表标题改为"各部门员工性别分布"。

② 添加坐标轴标题。单击图表右侧的 按钮，在打开的列表框中勾选【坐标轴标题】复选框，然后将横坐标轴标题改为"人数"，纵坐标轴标题改为"部门"。

③ 将图表标题、坐标轴标题和标签的字体都改为宋体，字体颜色都改为黑色。

④ 将图例移至图表右上角，最终效果如图 6-15 所示。

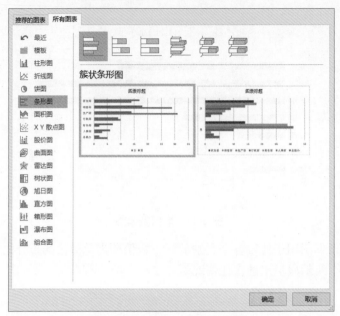

图 6-13　选择【条形图】选项

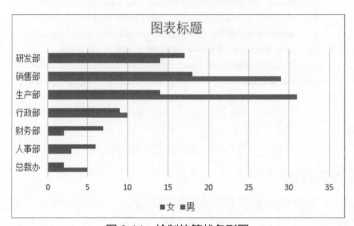

图 6-14　绘制的簇状条形图

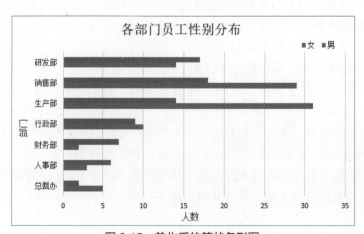

图 6-15　美化后的簇状条形图

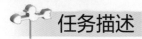

任务 **6.3**　绘制折线图

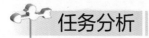

任务描述

折线图常用于展示数据随时间或有序类别而变化的趋势。折线图是点、线连在一起的图表，可反映事物的发展趋势和分布情况，适合在不需要突出单个数据点的情况下表现变化趋势、增长幅度。为了分析已购买客户数量与销售额之间的关系，根据【季度销售任务完成情况】工作表绘制折线图。

任务分析

（1）了解常见的折线图类型及其作用。

（2）根据【季度销售任务完成情况】工作表绘制折线图。

6.3.1　常见的折线图类型

常见的折线图包括基础折线图、堆积折线图和百分比堆积折线图。

折线图常用于展示数据随时间或有序类别而变化的趋势，可以很好地表现出数据是递增还是递减、增减的速率、增减的规律（周期性、螺旋性等）、峰值等特征，如图 6-16 所示，其展示了总销售额随已购买客户数量变化的趋势。

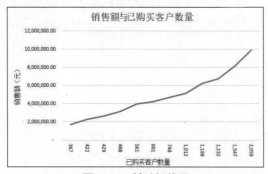

图 6-16　基础折线图

堆积折线图能够将同一时期的数据累加以及总和的发展趋势体现出来，图 6-17 即展示了各季度销售额随已购买客户数量变化的趋势。

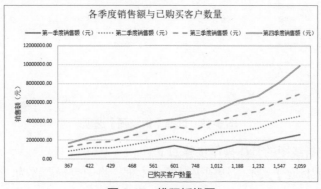

图 6-17　堆积折线图

百分比堆积折线图用于展示每一数值所占百分比随时间或有序类别而变化的趋势，图 6-18，即展示了各季度销售额随已购买客户数量变化情况。

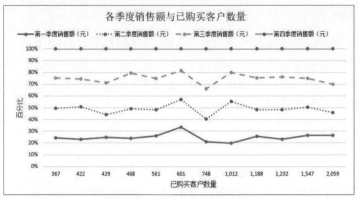

图 6-18　百分比堆积折线图

6.3.2　绘制基础折线图

根据【季度销售任务完成情况】工作表绘制基础折线图，基本操作步骤如下。

（1）绘制基础折线图。打开【季度销售任务完成情况】工作表，对"已购买客户数量"字段进行升序排序，然后选中单元格区域 E2:E13，在【插入】选项卡的【图表】命令组中单击 按钮，打开【插入图表】对话框，接着切换至【所有图表】选项卡，选择【折线图】选项，如图 6-19 所示，最后单击【确定】按钮即可绘制基础折线图，如图 6-20 所示。

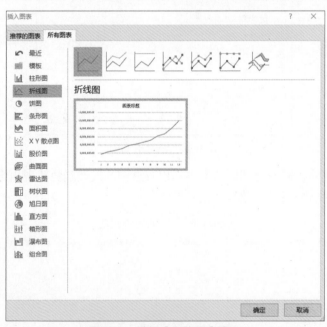

图 6-19　选择【折线图】选项

（2）美化基础折线图的具体操作步骤如下。

① 单击【图表标题】文本激活图表标题文本框，将图表标题改为"销售额与已购买客户数量"。

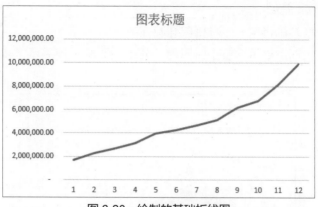

图 6-20　绘制的基础折线图

② 添加坐标轴标题。单击右侧的⊞按钮，在弹出的快捷菜单中勾选【坐标轴标题】选项，将横坐标轴标题改为"已购买客户数量"，纵坐标轴标题改为"销售额（元）"。

③ 将图表标题、坐标轴标题的字体分别改为宋体，图表标题、坐标轴标题及标签的字体颜色分别改为黑色，如图 6-21 所示。

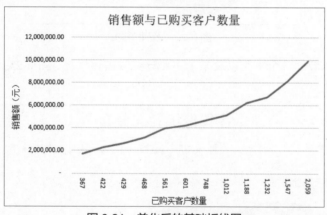

图 6-21　美化后的基础折线图

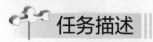 绘制饼图

任务描述

　　饼图是以一个完整的圆来表示数据对象的全体，其中的扇形表示各个组成部分。饼图常用于展现百分比构成，其中每一个扇形的面积都代表一类数据所占的比例。为了分析利润在各省份的百分比构成，需根据【省份利润】工作表绘制基础饼图。

任务分析

（1）了解常见的饼图类型及其作用。
（2）根据【省份利润】工作表绘制饼图。

6.4.1　常见的饼图类型

常见的饼图包括基础饼图、子母饼图和圆环图。

基础饼图中的数据点展示为整个饼图的百分比，图 6-22 即展示了每个省份年利润分布百分比。

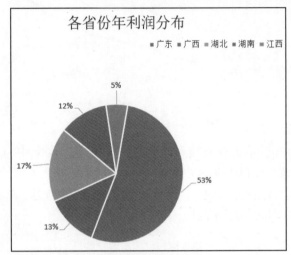

图 6-22　基础饼图

子母饼图可以展示各个大类以及某个主要分类的占比情况，图 6-23 即展示了每个省份年利润分布百分比。

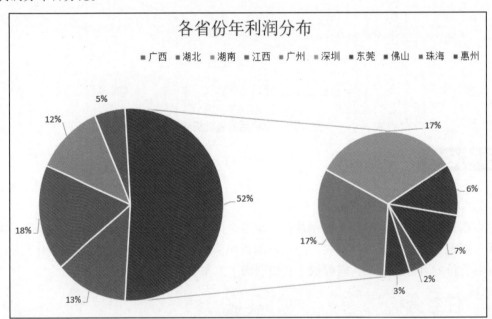

图 6-23　子母饼图

圆环图展示的数据，其中每个圆环代表一个数据系列，图 6-24 即展示了每个省份年利润分布百分比。

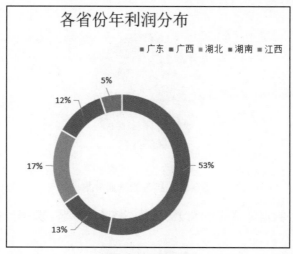

图 6-24　圆环图

6.4.2　绘制基础饼图

根据【省份利润】工作表绘制基础饼图的基本操作步骤如下。

（1）绘制基础饼图。打开【省份利润】工作表，选中单元格区域 A2:B6，在【插入】选项卡的【图表】命令组中单击 ⬛ 按钮，打开【插入图表】对话框，然后切换至【所有图表】选项卡，选择【饼图】选项，如图 6-25 所示，最后单击【确定】按钮即可绘制基础饼图，如图 6-26 所示。

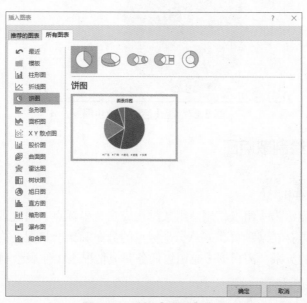

图 6-25　选择【饼图】选项

（2）美化基础饼图的具体操作步骤如下。

① 单击【图表标题】文本激活图表标题文本框，将图表标题改为"各省份年利润分布"。

② 单击图表右侧的 ➕ 按钮，在打开的列表框中勾选【数据标签】复选框，添加数据标签，然后将数据标签外移。

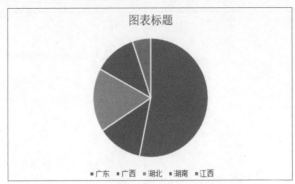

图 6-26 绘制的基础饼图

③ 将图表标题和数据标签的字体改为宋体，将图表标题、数据标签和图例的字体颜色均改为黑色。

④ 将图例移至图表右上角，最终效果如图 6-27 所示。

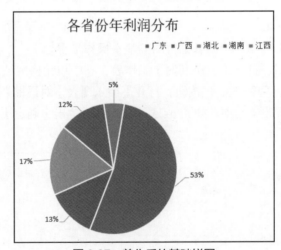

图 6-27 美化后的基础饼图

任务 6.5　绘制散点图

任务描述

散点图将数据显示为一组点，用两组数据构成多个坐标点，通过观察坐标点的分布，判断两变量之间是否存在某种关联或总结坐标点的分布和聚合情况。为了分析已购买客户数量与销售额之间的关系，需根据【总销售任务完成情况】工作表绘制散点图。

任务分析

（1）了解常见的散点图类型及其作用。

（2）根据【总销售任务完成情况】工作表绘制散点图。

6.5.1　常见的散点图类型

常见的散点图包括基础散点图、带直线和数据标记的散点图以及气泡图。

基础散点图是指在回归分析中，数据点在直角坐标系平面上的分布图，如图 6-28 所示，其展示了已购买客户数量和销售额（按销售代表）之间的关系。

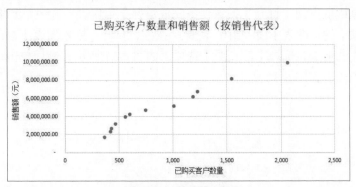

图 6-28　基础散点图

带直线和数据标记的散点图可以更清楚地表现变化的大致趋势，图 6-29 即展示了已购买客户数量和销售额（按销售代表）的关系。

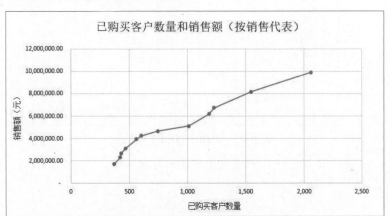

图 6-29　带直线和数据标记的散点图

气泡图是在基础散点图上添加一个维度，即用气泡的大小表示一个新的维度，图 6-30 即展示了客户总数与购买客户数量、销售额（按销售代表）之间的关系。

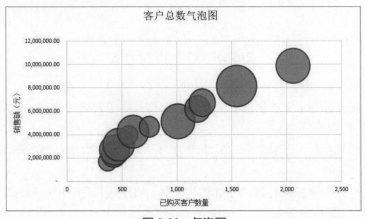

图 6-30　气泡图

6.5.2 绘制基础散点图

根据【销售任务完成情况】工作表绘制基础散点图，基本操作步骤如下。

（1）绘制基础散点图。打开【销售任务完成情况】工作表，选中单元格区域 D2:E13，在【插入】选项卡的【图表】命令组中单击 按钮，打开【插入图表】对话框，然后切换至【所有图表】选项卡，选择【散点图】选项，如图 6-31 所示，最后单击【确定】按钮即可绘制基础散点图，如图 6-32 所示。

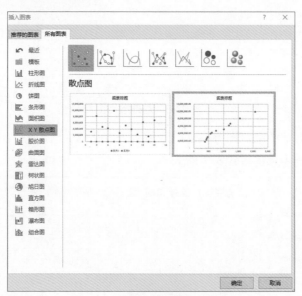

图 6-31　选择【散点图】选项

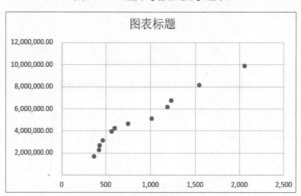

图 6-32　绘制的基础散点图

（2）美化基础散点图，具体操作步骤如下。

① 单击【图表标题】文本激活图表标题文本框，将图表标题改为"已购买客户数量和销售额（按销售代表）"。

② 添加坐标轴标题。将横坐标轴标题改为"已购买客户数量"，纵坐标轴标题改为"销售额（元）"。

③ 将图表标题和坐标轴标题的字体改为宋体，将图表标题、坐标轴标题及标签的字体颜色改为黑色，如图 6-33 所示。

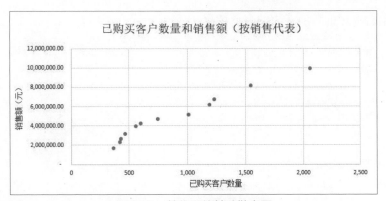

图 6-33　美化后的基础散点图

任务 6.6　绘制雷达图

任务描述

雷达图能将多个维度的数据映射到坐标轴上，这些坐标轴起始于同一个圆心，通常结束于圆周边缘，如果将同一组的点使用线连接起来即可成为雷达图。为了分析各销售经理不同的能力考核情况，需根据【销售经理能力考核】工作表绘制基础雷达图。

任务分析

（1）了解常见的雷达图类型及其作用。

（2）根据【销售经理能力考核】工作表绘制雷达图。

6.6.1　常见的雷达图类型

常见的雷达图包括基础雷达图、带数据标记的雷达图和填充雷达图。

雷达图不仅可用于查看哪些变量具有相似的值、变量之间是否有异常值等，而且还可用于查看哪些变量在数据集内得分较高或较低，图 6-34 即展示了销售经理能力考核情况。

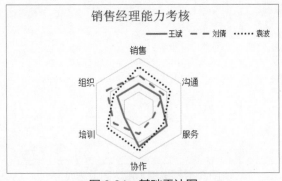

图 6-34　基础雷达图

带数据标记的雷达图在基础雷达图的基础上更加清晰地展示了各种性能数据的高低情况，图 6-35 即展示了各个销售经理的各项能力的高低情况。

填充雷达图通过面积显示数据，使用户更易观察各类性能数据中的最大值，图 6-36 即展示了各个销售经理的各项能力的高低情况。

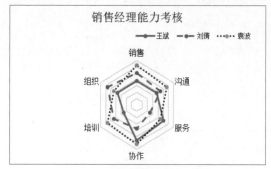

图 6-35　带数据标记的雷达图

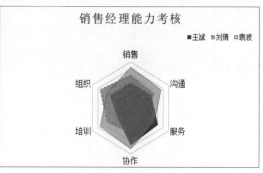

图 6-36　填充雷达图

6.6.2　绘制基础雷达图

根据【销售经理能力考核】工作表绘制基础雷达图，基本操作步骤如下。

（1）绘制基础雷达图。打开【销售经理能力考核】工作表，选中单元格区域 D2:E13，在【插入】选项卡的【图表】命令组中单击 按钮，打开【插入图表】对话框，然后切换至【所有图表】选项卡，选择【雷达图】选项，如图 6-37 所示，最后单击【确定】按钮即可绘制基础雷达图，如图 6-38 所示。

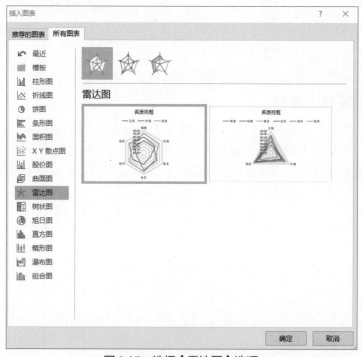

图 6-37　选择【雷达图】选项

（2）美化基础雷达图，具体操作步骤如下。

① 单击【图表标题】文本激活图表标题文本框，将图表标题改为"销售经理能力考核"。

② 将图表标题和数据标签的字体改为宋体，字体颜色改为黑色。

③ 双击雷达图中的线条，在"设置数据系列格式"窗格中单击 按钮，在"线条"

124

下设置王斌的线条颜色为"蓝色"，短划线类型为"长划线"；设置刘倩的线条颜色为"红色"，短划线类型为"短划线"；设置袁波的线条颜色为"黑色"，短划线类型为"圆点"。

④ 在"图表元素"列表框中取消勾选"数据标签"复选框。

⑤ 将图例移至图表右上角，如图 6-39 所示。

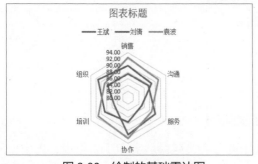

图 6-38　绘制的基础雷达图

图 6-39　美化后的基础雷达图

小结

本章主要介绍了柱形图、条形图、折线图、饼图、散点图和雷达图的常见类型，并分别绘制了其基础图形。其中，常见的柱形图包括簇状柱形图、堆积柱形图和百分比堆积柱形图；常见的条形图包括簇状条形图、堆积条形图和百分比堆积条形图；常见的折线图包括基础折线图、堆积折线图和百分比堆积折线图；常见的饼图包括基础饼图、子母饼图和圆环图；常见的散点图包括基础散点图、带直线和数据标记的散点图以及气泡图；常见的雷达图包括基础雷达图、带数据标记的雷达图和填充雷达图。

实训

实训 1　会员基本信息分析

1. 训练要点

（1）掌握簇状条形图的绘制方法。

（2）掌握簇状柱形图的绘制方法。

（3）掌握基础雷达图的绘制方法。

2. 需求说明

【会员客户信息表.xlsx】工作簿中为某鲜花店销售系统上的会员信息数据，具体包括【会员入会方式】、【会员年龄段分布】、【不同入会方式会员购买力】、【客户购买金额与购买次数】、【历年不同级别的会员数量】工作表。绘制簇状条形图分析会员入会方式分布，绘制簇状柱形图分析会员年龄段分布，绘制基础雷达图分析不同入会方式会员的购买力。

3. 实现思路及步骤

（1）打开【会员客户信息表.xlsx】工作簿中的【会员入会方式】工作表，选中单元格区域 B1:C5，绘制簇状条形图，并美化图表元素。其中标题设置为"会员入会方式的分析"，最终得到的效果如图 6-40 所示。

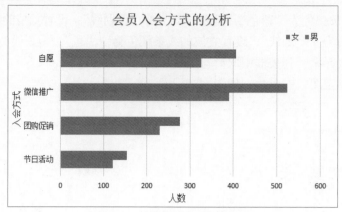

图 6-40　簇状条形图最终效果

（2）打开【会员客户信息表.xlsx】工作簿中的【会员年龄段分布】工作表，选中单元格区域 A1:B6，绘制簇状柱形图，并美化图表元素。其中标题设置为"会员年龄段分布"，最终得到的效果如图 6-41 所示。

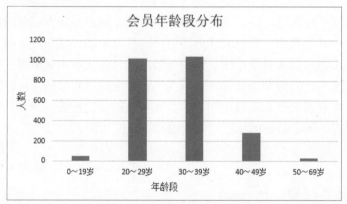

图 6-41　簇状柱形图最终效果

（3）打开【会员客户信息表.xlsx】工作簿中的【不同入会方式会员购买力】工作表，选中单元格区域 A1:B5，绘制基础雷达图，并美化图表元素。其中标题设置为"不同入会方式会员购买力分析"，最终得到的效果如图 6-42 所示。

图 6-42　基础雷达图最终效果

实训 2　会员来源分析

1. 训练要点

（1）掌握基础饼图的绘制方法。

（2）掌握圆环图的绘制方法。

2. 需求说明

基于【会员客户信息表.xlsx】工作簿，绘制基础饼图分析各月销售额的占比情况，绘制环形图分析会员入会方式分布。

3. 实现思路及步骤

（1）打开【会员客户信息表.xlsx】工作簿中的【会员入会方式】工作表，选中单元格区域 A1:A5 和 D1:D5，绘制基础饼图，并美化图表元素。其中标题设置为"会员入会方式分析"，最终得到的效果如图 6-43 所示。

（2）打开【会员客户信息表.xlsx】工作簿中的【会员入会方式】工作表，选中单元格区域 A1:A5 和 D1:D5，绘制圆环图，并美化图表元素。其中标题设置为"会员入会方式分析"，最终得到的效果如图 6-44 所示。

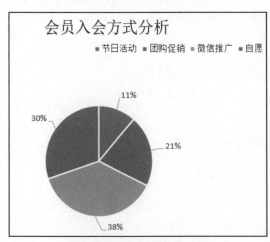

图 6-43　基础饼图最终效果

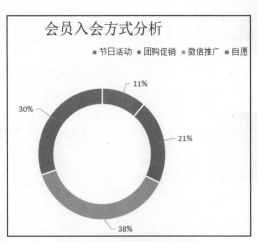

图 6-44　圆环图最终效果

实训 3　会员购买力及会员数量分析

1. 训练要点

（1）掌握基础散点图的绘制方法。

（2）掌握基础折线图的绘制方法。

2. 需求说明

基于【会员客户信息表.xlsx】工作簿，绘制基础散点图分析客户购买金额与购买次数的关系，绘制基础折线图分析历年不同级别的会员数量的变化趋势。

3. 实现思路及步骤

（1）打开【会员客户信息表.xlsx】工作簿中的【客户购买金额与购买次数】工作表，

选中单元格区域 A1:B15，绘制基础散点图，并美化图表元素。其中标题设置为"客户购买金额与购买次数分析"，最终得到的效果如图 6-45 所示。

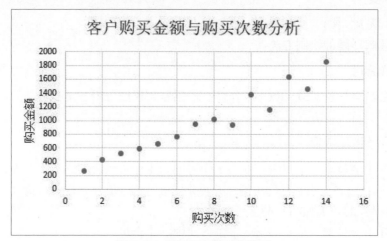

图 6-45　基础散点图最终效果

（2）打开【会员客户信息表.xlsx】工作簿中的【历年不同级别的会员数量】工作表，选中单元格区域 A1:C4，绘制基础折线图，并美化图表元素。其中标题设置为"历年不同级别的会员数量的变化趋势"，最终得到的效果如图 6-46 所示。

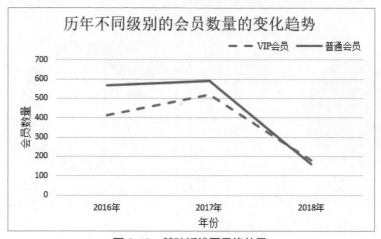

图 6-46　基础折线图最终效果

课后习题

　　近年来，随着新零售业的快速发展，消费者在购买商品时有了更多的对比和选择，导致超市行业的竞争日益激烈，利润空间不断压缩。在超市的经营管理过程中产生了大量数据，对这些数据进行数据的可视化分析，可以直观地展示出隐藏于数据中的规律，有利于提升超市的竞争力，为超市的运营及经营策略调整提供重要依据。基于第 3 章课后习题中处理后的超市商品销售数据进行分析，需要完成以下操作。

　　（1）先提取"是否促销"为"是"时的数据，按"销售月份"进行分组操作，再对"销售金额"求和，然后根据结果绘制促销商品各月份销售金额柱形图，如图 6-47 所示。

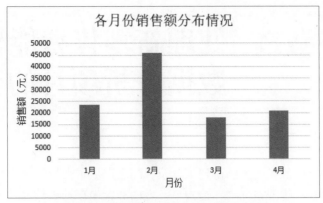

图 6-47 促销商品各月份销售金额柱形图

（2）根据步骤（1）已经提取的"促销"数据，使用"销售月份""销售金额"字段，绘制该超市促销商品各月份销售金额占比饼图，如图 6-48 所示。

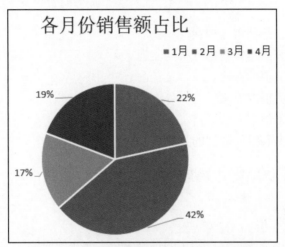

图 6-48 促销商品各月份销售金额占比饼图

（3）根据"大类名称"对数据进行分组处理，再对"销售金额"求和，然后根据结果绘制该超市各大类商品的总销售额散点图，如图 6-49 所示。

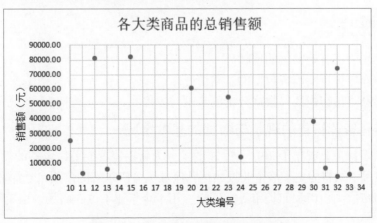

图 6-49 各大类商品的总销售额散点图

第 **7** 章　处理新零售智能销售数据分析项目的数据

新零售智能销售设备在当今已得到了普及，随之产生了大量的销售数据。通常在原始数据中可能会伴随着一些不完整的、结构不一致的和含噪声的脏数据。为了保证较高质量的分析，常常需要对脏数据进行数据预处理。本章主要对新零售智能销售数据分析项目进行简单的介绍，并对库存数据和订单数据进行处理。

学习目标

（1）了解新零售智能销售的现状。

（2）熟悉新零售智能销售数据分析的流程。

（3）掌握处理重复值的方法。

（4）掌握处理缺失值的方法。

（5）掌握处理异常值的方法。

（6）掌握提取日期和时间数据的方法。

任务 **7.1**　了解新零售智能销售数据分析项目

任务描述

新零售智能销售设备是商业自动化的常用设备，它不受时间、地点的限制，能节省人力，且方便交易。某公司在广东省 7 个市分别投放 29 台新零售智能销售设备，但是目前经营状况并不理想。因此要了解该公司后台管理系统数据的基本情况，发掘经营状况不理想的具体原因。

任务分析

（1）了解新零售智能销售的现状。

（2）了解新零售智能销售数据的基本情况。

（3）熟悉新零售智能销售数据分析的步骤与流程。

7.1.1　新零售智能销售的现状与数据的基本情况

国内某新零售企业成立于 2016 年，主营业务为新零售智能销售设备的投放和运营，经营的商品以食品、饮料为主。该企业投放运营区域覆盖广东省的广州市、深圳市、东莞市、佛山市、珠海市、中山市和韶关市等，广泛应用于企事业单位、商场、医院和旅游景点等各类场所。

然而，在激烈的市场竞争环境下，该企业新零售智能销售设备业务出现毛利率增长缓慢、商品库存不合理、用户的流失率高等诸多困难与问题。因此，该新零售企业在各个区域增加了销售设备的数量，以此来提高市场占有率和企业的竞争力。如何了解新零售智能销售设备的销售情况，如畅销的商品有哪些、各个区域的销售情况怎么样、库存的商品结构是否合理、用户有哪些特点等，成为该企业亟待解决的问题。

该新零售企业一直采用一个数据库系统来实现全过程的统一运营管理，数据库系统中包含了订单和库存等销售数据。其中，针对 2018 年 8 月的销售数据，订单数据的字段说明如表 7-1 所示，库存数据的字段说明如表 7-2 所示。

表 7-1　订单数据的字段说明

字段名称	含义	字段名称	含义
售货机 ID	售货机唯一标识	商品名称	商品的名称
购买日期	客户消费日期	购买数量	单次购买的数量
订单 ID	订单唯一标识	销售单价	商品的销售价格
客户 ID	客户唯一标识	成本价	商品的进货成本
支付方式	客户付款方式	出货状态	订单的出货状态
消费金额	单笔消费金额	区域	售货机投放区域
商品类别	商品所属类别		

表 7-2　库存数据的字段说明

字段名称	含义	字段名称	含义
日期	库存状态所属的日期	商品类别	商品所属类别
商品名称	商品的名称	库存数量	某商品的库存数量

根据该企业的经营管理问题分析其需求，确定了以下需要分析的内容。

（1）处理库存数据和订单数据。

（2）分析商品的销售情况。

（3）分析商品库存。

（4）分析用户行为。

（5）撰写新零售智能销售数据分析报告。

7.1.2　新零售智能销售数据的分析流程

数据分析的目的主要是从大量杂乱无章的数据中发现规律并进行概括总结，提炼出有价值的信息。对新零售智能销售数据进行分析，能够帮助企业掌握新零售智能销售设备的订单和库存等情况，了解商品需求量和用户偏好，从而为用户提供精准、贴心的服务。新零售智能销售数据的分析流程如图 7-1 所示，分析步骤和说明如表 7-3 所示。

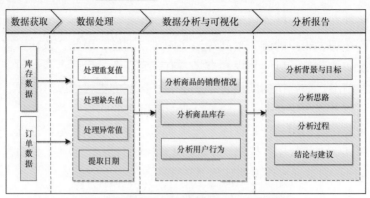

图 7-1　新零售智能销售数据的分析流程

表 7-3　新零售智能销售数据分析步骤和说明

步骤	说明
数据获取	数据获取是指根据分析的目的，获取库存数据和订单数据
数据处理	数据处理是指借助 Excel，利用筛选、去除重复值、计数等方法，对库存数据和订单数据进行重复值处理、缺失值处理、异常值处理和日期提取等操作，将数据转换为适合于分析的形式
数据分析与可视化	数据分析与可视化主要是指通过销售额、毛利率、销售量、存销比、客单价和复购率等指标分析商品的销售情况、库存和用户行为，发现数据中的规律，并借助图表等可视化的方式直观地展现数据之间的关联信息，使抽象的信息变得更加清晰、具体，易于观察
分析报告	分析报告是以特定的形式把数据分析的过程和结果展示出来，便于需求者了解。分析报告主要包含分析背景与目标、分析思路、分析过程、结论与建议

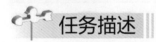　处理库存数据

任务描述

　　在查看【库存数据】工作表时，发现数据中存在重复值，为了避免数据冗余，需要对重复值进行处理。下面将对【库存数据】工作表的日期和商品名称进行合并，然后再查看重复值并进行处理。

任务分析

　　（1）运用 CONCATENATE 函数对日期和商品名称进行合并。
　　（2）利用【条件格式】按钮突显重复值。
　　（3）利用筛选方式查找重复值。
　　（4）利用【删除重复项】按钮删除重复值。

7.2.1　查找重复值

　　打开【库存数据】工作表，查看库存数据中日期和商品名称的重复值，具体操作步骤如下。
　　（1）输入公式合并字段。在单元格 E1 添加"合并日期和商品名称"字段，E 列用于储存合并库存数据中的日期和商品名称后的字段。选中单元格 E2，输入“=CONCATENATE(A2,B2)”，如图 7-2 所示。

CEILING　=CONCATENATE(A2,B2)

	A	B	C	D	E
1	日期	商品名称	商品类别	库存数量	合并日期和商品名称
2	2018/08/06	得宝纸巾	纸巾	19	=CONCATENATE(A2,B2)
3	2018/08/06	清风原木纸巾	纸巾	29	
4	2018/08/06	维达纸巾	纸巾	27	
5	2018/08/06	纸巾	纸巾	20	
6	2018/08/13	得宝纸巾	纸巾	19	
7	2018/08/13	清风原木纸巾	纸巾	29	
8	2018/08/13	维达纸巾	纸巾	27	
9	2018/08/13	纸巾	纸巾	20	
10	2018/08/20	得宝纸巾	纸巾	19	

库存数据

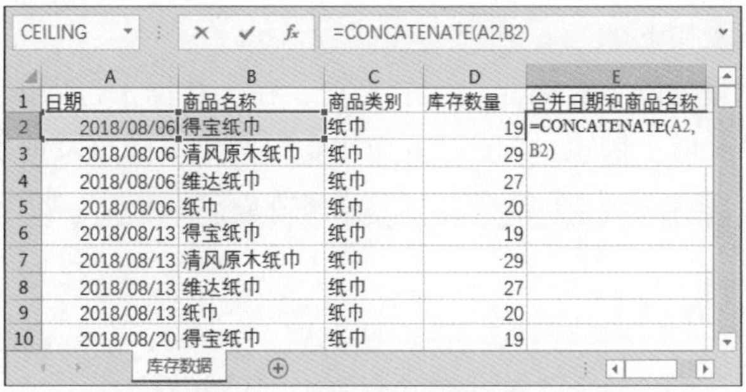

图 7-2　输入“=CONCATENATE(A2,B2)”

（2）确定公式。按【Enter】键确定公式，然后将鼠标指针移到单元格 E2 的右下角，当指针变为黑色且加粗的“+”形状时，双击即可合并剩下的日期和商品名称，如图 7-3 所示。

CONCATENATE 函数合并的是两个文本字符，在合并日期和商品名称时，因为 Excel 2016 会自动将日期格式转换为文本格式（即 General 格式），所以合并后的日期不是年月日的形式。以日期 2018 年 8 月 6 日为例，Excel 2016 默认的日期系统从 1900 年 1 月 1 日开始，43 318 即为两个日期距离的天数。

（3）突显重复值。在【开始】选项卡的【样式】命令组中单击【条件格式】按钮，然后在打开的下拉菜单中依次选择【突出显示单元格规则】命令和【重复值】命令，打开【重复值】对话框，如图 7-4 所示，单击【确定】按钮。

	A	B	C	D	E
1	日期	商品名称	商品类别	库存数量	合并日期和商品名称
2	2018/08/06	得宝纸巾	纸巾	19	43318得宝纸巾
3	2018/08/06	清风原木纸巾	纸巾	29	43318清风原木纸巾
4	2018/08/06	维达纸巾	纸巾	27	43318维达纸巾
5	2018/08/06	纸巾	纸巾	20	43318纸巾
6	2018/08/13	得宝纸巾	纸巾	19	43325得宝纸巾
7	2018/08/13	清风原木纸巾	纸巾	29	43325清风原木纸巾
8	2018/08/13	维达纸巾	纸巾	27	43325维达纸巾
9	2018/08/13	纸巾	纸巾	20	43325纸巾
10	2018/08/20	得宝纸巾	纸巾	19	43332得宝纸巾

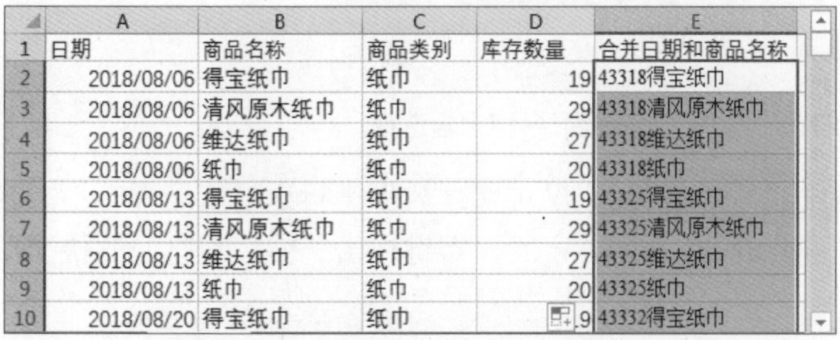

图 7-3　合并剩下的日期和商品名称

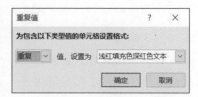

图 7-4　【重复值】对话框

（4）查找重复值。在【数据】选项卡的【排序和筛选】命令组中单击【筛选】按钮。再单击“合并日期和商品名称”字段标题旁边的下拉按钮，然后在打开的下拉列表框中依次选择【按颜色筛选】【按单元格颜色筛选】，筛选结果如图 7-5 所示。

	A	B	C	D	E
1	日期	商品名称	商品类别	库存数量	合并日期和商品名称
46	2018/08/06	营养快线	饮料	148	43318营养快线
151	2018/08/06	营养快线	饮料	147	43318营养快线
210	2018/08/13	营养快线	饮料	128	43325营养快线
315	2018/08/13	营养快线	饮料	129	43325营养快线
374	2018/08/20	营养快线	饮料	145	43332营养快线
479	2018/08/20	营养快线	饮料	129	43332营养快线
538	2018/08/27	营养快线	饮料	133	43339营养快线
643	2018/08/27	营养快线	饮料	116	43339营养快线
692	2018/08/06	矿泉水	水	230	43318矿泉水

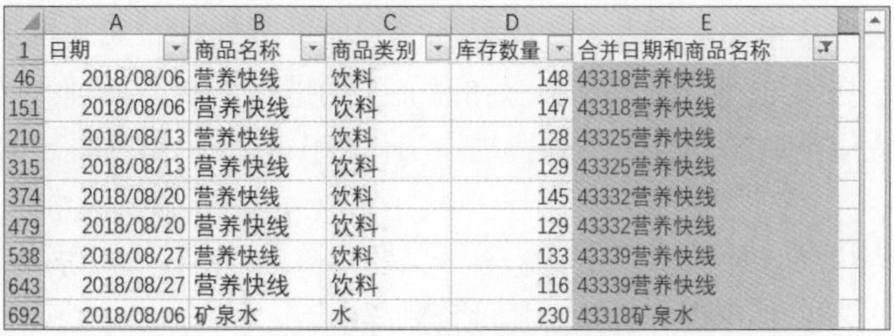

图 7-5　查找重复值

7.2.2 删除重复值

在 7.2.1 小节处理后的【库存数据】工作表中，根据【合并日期和商品名称】字段删除重复值，具体操作步骤如下。

（1）打开【删除重复值】对话框。选中 E 列，在【数据】选项卡的【数据工具】命令组中，单击【删除重复值】按钮，如图 7-6 所示，打开【删除重复值】对话框。

图 7-6　单击【删除重复值】按钮

（2）删除重复值。在【删除重复值】对话框中勾选【合并日期和商品名称】复选框，如图 7-7 所示，然后单击【确定】按钮即可删除重复值。

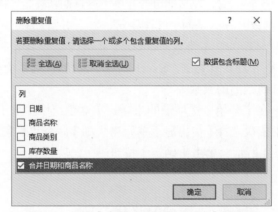

图 7-7　勾选【合并日期和商品名称】复选框

（3）删除"合并日期和商品名称"字段内容。仅对库存数据进行重复值处理，不需要添加任何字段内容，选择"合并日期和商品名称"字段，右键单击，然后在打开的快捷菜单中选择【删除】命令即可。

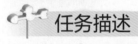　处理订单数据

任务描述

在查看【订单数据】时发现，数据存在一定的缺失值和异常值，为避免缺失数据和异常数据对分析结果造成偏离，需要对缺失值和异常值进行处理。对【订单数据】工作表中的商品名称进行缺失值处理，对出货状态和商品类别进行异常值处理。同时，为了使购买日期的数据格式适用于后续的分析，需要提取工作表中的日期和时间数据。

任务分析

（1）查看商品名称中的缺失值并对其进行删除。
（2）对出货状态进行去重处理。

（3）查看出货状态中的异常值并对其进行删除。

（4）对商品类别进行去重处理。

（5）查看商品类别中的异常值并对其进行删除。

（6）运用 TEXT 函数提取工作表中的日期和时间数据。

7.3.1　处理缺失值

打开【订单数据】工作表，筛选出商品名称为空的订单数据，并对其进行删除，具体操作步骤如下。

（1）单击【筛选】按钮。在【订单数据】工作表中，选中任一非空单元格，然后在【数据】选项卡的【排序和筛选】命令组中单击【筛选】按钮，如图 7-8 所示，此时【订单数据】工作表的字段标题旁边都会显示一个下拉按钮。

图 7-8　单击【筛选】按钮（1）

（2）筛选"商品名称"字段为空的数据。单击"商品名称"字段旁的下拉按钮，然后在打开的下拉列表框中勾选【（空白）】复选框，单击【确定】按钮，得到的效果如图 7-9 所示。

	支付方式	消费金额	商品类别	商品名称	购买数量	销售单价	成本价	出货状态	区域
1									
39899	微信	#N/A	#N/A		1	#N/A	#N/A	出货成功	深圳市
39900	微信	#N/A	#N/A		1	#N/A	#N/A	出货成功	深圳市
39901	微信	#N/A	#N/A		2	#N/A	#N/A	出货成功	深圳市
39902	微信	#N/A	#N/A		1	#N/A	#N/A	出货成功	深圳市
39903	微信	#N/A	#N/A		4	#N/A	#N/A	出货成功	深圳市
39904	微信	#N/A	#N/A		1	#N/A	#N/A	出货成功	深圳市
39905	支付宝	#N/A	#N/A		2	#N/A	#N/A	出货成功	深圳市
39906	微信	#N/A	#N/A		1	#N/A	#N/A	出货成功	深圳市
39907	支付宝	#N/A	#N/A		1	#N/A	#N/A	出货成功	深圳市

图 7-9　筛选"商品名称"字段为空的数据

（3）删除"商品名称"字段为空的所有行。选择"商品名称"字段为空的所有行，右键单击，在打开的快捷菜单中选择【删除行】命令即可删除"商品名称"字段为空的所有行，最后取消筛选。

7.3.2　处理异常值

如果订单数据中存在异常值，那么可能会对分析结果造成一定的影响。因此，需要对【订单数据】工作表中的出货状态和商品类别进行异常值识别和处理。

1. 处理出货状态异常值

在 7.3.1 小节处理后的【订单数据】工作表中，对出货状态进行去重处理，查看出货状态的类别，具体操作步骤如下。

（1）提取"出货状态"字段。将 L 列的出货状态复制粘贴到 N 列中，如图 7-10 所示。

	E	F	G	H	I	J	K	L	M	N
1	支付方式	消费金额	商品类别	商品名称	购买数量	销售单价	成本价	出货状态	区域	出货状态
2	微信	5	膨化食品	可比克薯片	1	5	4.7	出货成功	珠海市	出货成功
3	微信	3	水	孖髻山矿泉水	1	3	2.4	出货成功	珠海市	出货成功
4	微信	3	水	孖髻山矿泉水	1	3	2.4	出货成功	珠海市	出货成功
5	微信	6	其他	凉粉	2	3	1.8	出货成功	珠海市	出货成功
6	微信	8	饮料	王老吉	2	4	2.8	出货成功	珠海市	出货成功
7	支付宝	3	其他	凉粉	1	3	1.8	出货成功	珠海市	出货成功
8	微信	3	水	孖髻山矿泉水	1	3	2.4	出货成功	珠海市	出货成功
9	微信	3	水	孖髻山矿泉水	1	3	2.4	出货成功	珠海市	出货成功
10	微信	2.8	饮料	柠檬茶	1	2.8	1.9	出货成功	珠海市	出货成功

图 7-10　提取"出货状态"字段

（2）打开【删除重复项警告】对话框。选中 N 列，在【数据】选项卡的【数据工具】命令组中单击【删除重复值】按钮，打开【删除重复项警告】对话框。

（3）选择排序依据。在【删除重复项警告】对话框中选中【以当前选定区域排序】单选按钮，如图 7-11 所示，然后单击【删除重复项】按钮，打开【删除重复值】对话框。

（4）删除出货状态中的重复项。在【删除重复值】对话框中单击【确定】按钮，如图 7-12 所示，得到的效果如图 7-13 所示。

图 7-11　选择排序依据

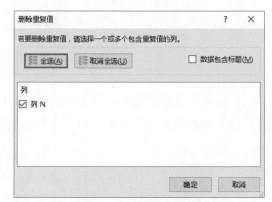

图 7-12　删除重复值

	E	F	G	H	I	J	K	L	M	N
1	支付方式	消费金额	商品类别	商品名称	购买数量	销售单价	成本价	出货状态	区域	出货状态
2	微信	5	膨化食品	可比克薯片	1	5	4.7	出货成功	珠海市	出货成功
3	微信	3	水	孖髻山矿泉水	1	3	2.4	出货成功	珠海市	出货失败
4	微信	3	水	孖髻山矿泉水	1	3	2.4	出货成功	珠海市	未出货
5	微信	6	其他	凉粉	2	3	1.8	出货成功	珠海市	出货中
6	微信	8	饮料	王老吉	2	4	2.8	出货成功	珠海市	
7	支付宝	3	其他	凉粉	1	3	1.8	出货成功	珠海市	
8	微信	3	水	孖髻山矿泉水	1	3	2.4	出货成功	珠海市	
9	微信	3	水	孖髻山矿泉水	1	3	2.4	出货成功	珠海市	
10	微信	2.8	饮料	柠檬茶	1	2.8	1.9	出货成功	珠海市	

图 7-13　删除出货状态重复值得到的结果

由图 7-13 可知，出货状态包含了出货成功、出货失败、未出货和出货中 4 种状态，其中当出货状态为出货失败、未出货和出货中时表示订单并未交付成功，属于异常数据。在处理异常数据时，需要先查看异常数据的数量，如果数量较少，那么可以直接做去除处理。

分别使用 COUNTIF 函数计算各状态的订单数量，具体操作步骤如下。

（1）输入 COUNTIF 函数。在单元格 O1 中输入"订单数量"，然后选中单元格 O2，输入"=COUNTIF($L:$L,N2)"，如图 7-14 所示。

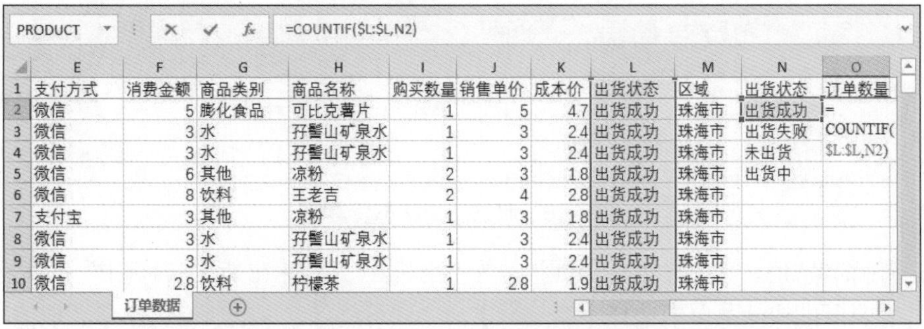

图 7-14　输入"=COUNTIF($L:$L,N2)"

（2）确定函数。按【Enter】键即可使用 COUNTIF 函数统计出货成功的订单数量，统计结果如图 7-15 所示。

（3）填充函数。选中单元格 O2，移动鼠标指针到单元格 O2 的右下角，当指针变为黑色且加粗的"+"形状时，按住鼠标左键向下拖曳至单元格 O5，如图 7-16 所示。

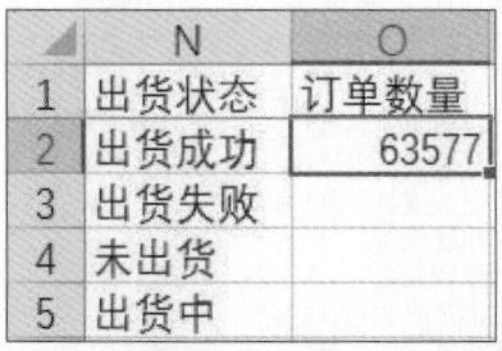

图 7-15　使用 COUNTIF 函数统计
出货成功的订单数量

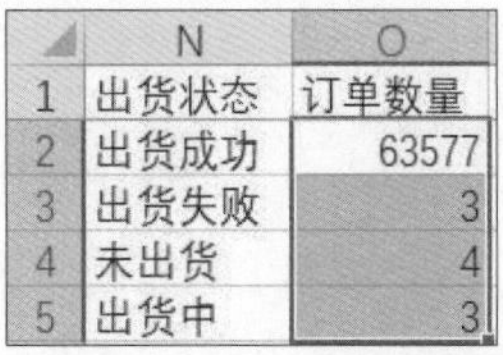

图 7-16　使用 COUNTIF 函数统计剩余
出货状态的订单数量

　由图 7-16 可知，出货状态为出货失败、未出货和出货中的订单数量相对较少，可以直接进行删除。筛选出出货状态为出货失败、未出货和出货中的订单数据，并将其所在的行进行删除，具体操作步骤如下。

（1）单击【筛选】按钮。在【订单数据】工作表中，选中任一非空单元格，在【数据】选项卡的【排序和筛选】命令组中单击【筛选】按钮，此时【订单数据】工作表字段标题旁边会显示一个下拉按钮，如图 7-17 所示。

图 7-17　单击【筛选】按钮（2）

（2）筛选出货状态异常值。单击"出货状态"字段旁的下拉按钮，在打开的下拉列表框中勾选"出货失败""未出货""出货中"3 个复选框，然后单击【确定】按钮，筛选结果如图 7-18 所示。

	F 消费金额	G 商品类别	H 商品名称	I 购买数量	J 销售单价	K 成本价	L 出货状态	M 区域	N 出货状态	O 订单数量
2395	6	饮料	畅轻松优格	1	6	4.9	出货失败	珠海市		
20873	5	饮料	森元素	1	5	4.5	未出货	深圳市		
29088	12	饮料	统一冰红茶	4	3	2	未出货	中山市		
32542	11.4	饮料	脉动	3	3.8	2.4	出货中	中山市		
43005	3.8	方便速食	银鹭八宝粥	1	3.8	2.4	出货中	东莞市		
43006	3	饮料	百事可乐	1	3	2.1	出货失败	东莞市		
48642	3.5	饮料	汉斯小木屋菠萝	1	3.5	2.5	出货中	广州市		
53502	1.2	即食熟肉	QQ鱼	1	1.2	0.7	未出货	东莞市		
63587	2	饮料	花生牛奶	1	2	0.9	未出货	东莞市		

图 7-18 筛选出货状态异常值

（3）删除异常值。选中筛选后出货状态为"出货失败""未出货""出货中"的所有行，右键单击，在打开的快捷菜单中选择【删除行】命令即可删除选中的所有行，最后取消筛选。

2. 处理商品类别异常值

在已进行出货状态异常值处理后的【订单数据】工作表中，对商品类别进行去重处理，查看商品类别的种类，具体操作步骤如下。

（1）删除"商品类别"字段中的重复项。将商品类别复制粘贴到 N 列，然后采用处理出货状态异常值中删除重复值的方法，对商品类别进行去重处理，所得到的结果如图 7-19 所示。

	E 支付方式	F 消费金额	G 商品类别	H 商品名称	I 购买数量	J 销售单价	K 成本价	L 出货状态	M 区域	N 商品类别
1	支付方式	消费金额	商品类别	商品名称	购买数量	销售单价	成本价	出货状态	区域	商品类别
2	微信	5	膨化食品	可比克薯片	1	5	4.7	出货成功	珠海市	膨化食品
3	微信	3	水	孖蟹山矿泉水	1	3	2.4	出货成功	珠海市	水
4	微信	3	水	孖蟹山矿泉水	1	3	2.4	出货成功	珠海市	其他
5	微信	6	其他	凉粉	2	3	1.8	出货成功	珠海市	饮料
6	微信	8	饮料	王老吉	2	4	2.8	出货成功	珠海市	牛奶
7	支付宝	3	其他	凉粉	1	3	1.8	出货成功	珠海市	蛋糕糕点
8	微信	3	水	孖蟹山矿泉水	1	3	2.4	出货成功	珠海市	饼干
9	微信	3	水	孖蟹山矿泉水	1	3	2.4	出货成功	珠海市	零食
10	微信	2.8	饮料	柠檬茶	1		2.8	1.9 出货成功	珠海市	咖啡

图 7-19 删除"商品类别"字段中的重复项

（2）输入公式。添加"订单数量"字段，然后选中单元格 O2，输入"=COUNTIF($G:$G,N2)"，如图 7-20 所示。

PRODUCT		× ✓ fx	=COUNTIF($G:$G,N2)							
	E 支付方式	F 消费金额	G 商品类别	H 商品名称	I 购买数量	J 销售单价	K 成本价	L 出货状态	M 区域	N 商品类别	O 订单数量
1	支付方式	消费金额	商品类别	商品名称	购买数量	销售单价	成本价	出货状态	区域	商品类别	订单数量
2	微信	5	膨化食品	可比克薯片	1	5	4.7	出货成功	珠海市	膨化食品	=COUNTIF($G:$G,N2)
3	微信	3	水	孖蟹山矿泉水	1	3	2.4	出货成功	珠海市	水	
4	微信	3	水	孖蟹山矿泉水	1	3	2.4	出货成功	珠海市	其他	
5	微信	6	其他	凉粉	2	3	1.8	出货成功	珠海市	饮料	
6	微信	8	饮料	王老吉	2	4	2.8	出货成功	珠海市	牛奶	
7	支付宝	3	其他	凉粉	1	3	1.8	出货成功	珠海市	蛋糕糕点	
8	微信	3	水	孖蟹山矿泉水	1	3	2.4	出货成功	珠海市	饼干	
9	微信	3	水	孖蟹山矿泉水	1	3	2.4	出货成功	珠海市	零食	
10	微信	2.8	饮料	柠檬茶	1		2.8	1.9 出货成功	珠海市	咖啡	

图 7-20 输入"=COUNTIF($G:$G,N2)"

（3）确认公式。按【Enter】键即可使用 COUNTIF 函数统计商品类别为"膨化食品"的订单数量，然后使用填充公式的方式统计出剩余的商品类别的订单数量，如图 7-21 所示。

由商品类别的订单数量的统计结果可知，存在有商品类别为【0】的情况。数据中的商品类别为文本字符，商品类别为【0】可能是系统存放时发生了错误，属于异常数据，且商品类别为【0】的订单数量是 8，数据量相对较少，可以直接进行删除。筛选出商品类别为

【0】的销售数据，并将其所在的行进行删除，具体操作步骤如下。

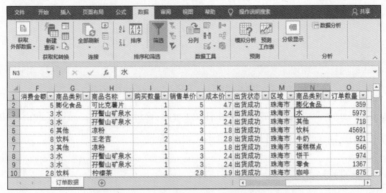

图 7-21 统计所有商品类别的订单数量

（1）单击【筛选】按钮。在【订单数据】工作表中，选中任一非空单元格，再在【数据】选项卡的【排序和筛选】命令组中单击【筛选】按钮，此时【订单数据】工作表的字段标题旁边会显示一个下拉按钮，如图 7-22 所示。

图 7-22 单击【筛选】按钮（3）

（2）筛选"商品类别"字段中的异常值。单击"商品类别"字段旁的下拉按钮，在打开的下拉列表框中勾选【0】复选框，单击【确定】按钮，得到的结果如图 7-23 所示。

图 7-23 筛选后得到的结果

（3）删除异常值。选中"商品类别"字段为【0】的所有行并右键单击，然后在打开的快捷菜单中选择【删除行】命令，删除选中的所有行，最后取消筛选。

7.3.3 提取日期和时间数据

TEXT 函数可通过格式代码向数字应用格式，进而更改数字的显示方式。TEXT 函数的使用格式如下。

```
TEXT(value,format_text)
```

TEXT 函数的常用参数及其解释如表 7-4 所示。

表 7-4　TEXT 函数的常用参数及其解释

参数	参数解释
value	必需。表示要应用格式的数字。其形式可以是数值、计算结果为数字值的公式，或对包含数字值的单元格的引用
format_text	必需。表示文本字符串的数字格式，为"设置单元格格式"对话框中"数字"选项卡"分类"列表框中的文本形式的数字格式

在 7.3.2 小节处理后的【订单数据】工作表中，采用 TEXT 函数对日期和时间数据进行提取，具体操作步骤如下。

（1）输入公式提取日期。在 B 列后插入两列，并将字段名分别设置为"日期""时间"，然后选中单元格 C2，输入"=TEXT(B2,"yyyy/mm/dd")"，如图 7-24 所示。

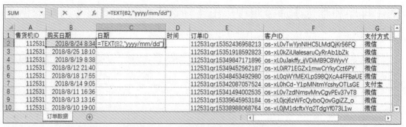

图 7-24　输入"=TEXT(B2,"yyyy/mm/dd")"

（2）确认公式。按【Enter】键即可使用 TEXT 函数提取第一天记录的日期，然后使用填充公式的方式提取所有记录的日期，如图 7-25 所示。

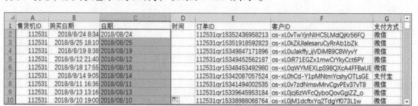

图 7-25　提取所有记录的日期

（3）输入公式提取时间。选中单元格 D2，输入"=TEXT(B2,"hh:mm:ss AM/PM")"，如图 7-26 所示。

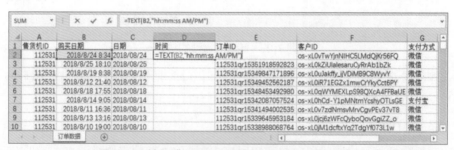

图 7-26　输入"=TEXT(B2,"hh:mm:ss AM/PM")"

（4）确认公式。按【Enter】键即可使用 TEXT 函数提取第一天记录的时间，然后使用填充公式的方式提取所有记录的时间，如图 7-27 所示。

	A	B	C	D	E	F	G
1	售货机ID	购买日期	日期	时间	订单ID	客户ID	支付方式
2	112531	2018/8/24 8:34	2018/08/24	08:34:00 AM	112531qr15352436958213	os-xL0vTwYjnNIHC5LMdQjKr56FQ	微信
3	112531	2018/8/25 18:10	2018/08/25	06:10:00 PM	112531qr15351918592823	os-xL0kZiUlalesaruCyRrAb1bZk	微信
4	112531	2018/8/19 8:38	2018/08/19	08:38:00 AM	112531qr15349847171896	os-xL0uJakffy_jjVDiMB9C8WyvY	微信
5	112531	2018/8/12 21:40	2018/08/12	09:40:00 PM	112531qr15349452562187	os-xL0iR71EGZx1mwCrYkyCct6PY	微信
6	112531	2018/8/18 17:55	2018/08/18	05:55:00 PM	112531qr15348453492980	os-xL0qWYMEXLpS98QXcA4FFBaUE	微信
7	112531	2018/8/14 9:05	2018/08/14	09:05:00 AM	112531qr15342087057524	os-xL0hCd-Y1pMNtmYcshyOTLsGE	支付宝
8	112531	2018/8/11 16:36	2018/08/11	04:36:00 PM	112531qr15341494002535	os-xL0v7zdNmsvMrvCgvPEv37vT8	微信
9	112531	2018/8/13 13:16	2018/08/13	01:16:00 PM	112531qr15339645953184	os-xL0jcj6zWFcQyboQovGgiZZ_o	微信
10	112531	2018/8/10 19:00	2018/08/10	07:00:00 PM	2531qr15338988068764	os-xL0jM1dcftxYq2TdgYf073L1w	微信

图 7-27　提取所有记录的时间

小结

本章主要介绍了新零售智能销售的现状和新零售智能销售数据分析的流程，以及新零售智能销售数据中库存数据和订单数据的处理方法。其中，处理库存数据的方法包括查看和删除重复值；处理订单数据的方法包括对商品名称中的缺失值进行删除、对出货状态与商品类别中的异常值进行处理，以及提取日期和时间数据。

实训

实训 1　处理餐饮数据的异常值

1. 训练要点

掌握处理异常值的方法。

2. 需求说明

某餐饮企业存有一份 2018 年 8 月 22 日至 2018 年 8 月 28 日的餐饮数据的工作表，其中包括佛山、广州、深圳和珠海 4 个地区的餐饮数据，其字段说明如表 7-5 所示。观察【餐饮数据】工作表可以发现，数据存在异常值，为获得较为准确的分析结果，需要对异常值进行处理。在【餐饮数据】工作表中，对“数量”字段的值进行去重处理并对结果进行计数，利用“筛选”按钮查看“数量”字段为【0】的异常数据，并对异常数据进行删除。

表 7-5　【餐饮数据】工作表字段说明

字段名称	含义	字段名称	含义
店铺所在地	店铺的地址	店铺名	店铺的名称
日期	菜品交易时间	会员号	会员的标识
会员星号	会员的等级	菜品号	菜品的标识
菜品类别	菜品所属的类别	菜品名称	菜品的名称
数量	菜品交易的数量	价格	菜品的销售价格
成本	菜品进货成本	消费金额	菜品交易的金额

3. 实现思路及步骤

（1）将 I 列的数量复制粘贴到 M 列中，并删除其中的重复项。

（2）添加“计数”字段，运用 COUNTIF 函数对删除重复项后的结果进行计数，计数结果如图 7-28 所示。

（3）利用“筛选”按钮查看【餐饮数据】工作表中“数量”字段为【0】的数据，查看结果如图 7-29 所示。

（4）直接删除“数量”字段为【0】的所有行。

（5）删除复制的“数量”“计数”字段的内容。

	G	H	I	J	K	L	M	N
1	菜品类别	菜品名称	数量	价格	成本	消费金额	数量	计数
2	粥饭类	白饭/大碗	1	10	5	10	1	2367
3	肉类	白胡椒胡萝卜羊肉汤	1	35	18	35	2	90
4	蔬菜类	大蒜苋菜	1	30	18	30	4	24
5	肉类	倒立蒸梭子蟹	1	169	119	169	3	16
6	粥饭类	黑米恋上葡萄	1	33	15	33	6	9
7	蔬菜类	凉拌菠菜	1	27	9	27	7	3
8	蔬菜类	木须豌豆	1	32	19	32	8	7
9	肉类	清蒸海鱼	1	78	55	78	5	7
10	肉类	小炒羊腰	1	36	20	36	0	4

餐饮数据

图 7-28　对去重后的数量进行计数的结果

	E	F	G	H	I	J	K	L
1	会员星级	菜品号	菜品类别	菜品名称	数量	价格	成本	消费金额
635	五星级	609931	肉类	焖猪手	0	58	34	58
1444	三星级	610004	面食类	南瓜芝士包	0	10	5	10
1445	四星级	610029	蔬菜类	黄花菜炒木耳	0	35	15	35
1446	五星级	610062	肉类	蒜蓉生蚝	0	49	28	49

图 7-29　查看“数量”字段为【0】的数据

实训 2　处理餐饮数据的缺失值

1. 训练要点

掌握处理缺失值的方法。

2. 需求说明

观察【餐饮数据】工作表可以发现，数据中的“菜品名称”字段存在空值的现象，属于缺失值，可能是系统存放时的错误，需要对缺失值进行处理。在【餐饮数据】工作表中，通过筛选的方式查看“菜品名称”为空值的缺失数据，并对缺失数据的菜品进行删除。

3. 实现思路及步骤

（1）通过筛选的方式查看【餐饮数据】工作表中“菜品名称”为空值的数据，查看结果如图 7-30 所示。

（2）删除菜品名称为空值的所有行。

	E	F	G	H	I	J	K	L
1	会员星级	菜品号	菜品类别	菜品名称	数量	价格	成本	消费金额
362	三星级		其他		1	19	8	19
363	四星级		蔬菜类		1	33	12	33
364	五星级		粥饭类		1	35	17	35
1077	五星级		面食类		2	18	10	36
1442	三星级		甜点类		1	13	8	13
2098	四星级		肉类		1	175	130	175
2099	四星级		肉类		1	35	20	35

图 7-30　查看缺失值的结果

实训 3　处理餐饮数据的重复值

1. 训练要点

（1）掌握查看重复值的方法。

（2）掌握处理重复值的方法。

2. 需求说明

某餐饮企业存有一份 2018 年 8 月 22 日至 2018 年 8 月 28 日的【餐饮库存】工作表，

其字段说明如表 7-6 所示。观察【餐饮库存】工作表可以发现，数据存在重复值，在分析时，若存在重复数据可能会影响库存的分析结果，则需要处理重复值。合并【餐饮库存】工作表中的日期和菜品名称，查找重复值，并根据合并后的日期和菜品名称进行去重处理。

表 7-6　【餐饮库存】工作表字段说明

字段名称	含义	字段名称	含义
日期	库存状态日期	菜品类别	菜品所属类别
菜品名称	菜品的名称	库存数量	某菜品的库存数量
成本价	菜品进货成本	销售单价	菜品的销售金额

3．实现思路及步骤

（1）运用 CONCATENATE 函数对日期和菜品名称进行合并。

（2）利用 Excel 2016 中的【条件格式】按钮突显合并后的日期和菜品名称的重复值。

（3）按单元格颜色对合并后的日期和菜品名称进行筛选以查找重复值，查找结果如图 7-31 所示。

（4）根据合并后的日期和菜品名称，利用 Excel 中的【删除重复值】按钮删除重复数据。

（5）删除"合并日期和菜品名称"字段的内容。

	A	B	C	D	E	F	G
1	日期	菜品类别	菜品名称	库存数量	成本价	销售单价	合并日期和菜品名称
103	2018/08/28	甜点类	核桃葡萄干土司	20	10	38	43340核桃葡萄干土司
104	2018/08/28	甜点类	核桃葡萄干土司	20	10	38	43340核桃葡萄干土司
225	2018/08/25	蔬菜类	爆炒双丝	36	15	105	43337爆炒双丝
226	2018/08/25	蔬菜类	爆炒双丝	36	15	105	43337爆炒双丝
273	2018/08/23	蔬菜类	大蒜苋菜	30	18	60	43335大蒜苋菜
280	2018/08/23	蔬菜类	大蒜苋菜	30	18	60	43335大蒜苋菜
488	2018/08/24	肉类	红酒土豆烧鸭腿	49	20	192	43336红酒土豆烧鸭腿
538	2018/08/24	肉类	红酒土豆烧鸭腿	49	20	192	43336红酒土豆烧鸭腿

图 7-31　查找重复值的结果

课后习题

某自助便利店存有一份"便利店销售业绩.xlsx"数据，其中包括【订单详情数据】工作表，数据的字段说明如表 7-7 所示。

表 7-7　【订单详情数据】工作表字段说明

字段名称	含义	字段名称	含义
店铺 ID	店铺唯一标识	商品类别	商品的类别
店铺名称	店铺的名称	成本金额	商品进货成本
订单号	订单唯一标识	销售单价	商品的销售价格
支付状态	订单的支付状态	数量	单次购买的数量
订单时间	订单的支付时间	订单金额	订单的支付金额
商品名称	商品的名称	购买用户	购买的用户

在查看便利店销售业绩数据时发现，数据存在异常值和缺失值等脏数据，为得到较高质量的数据，需对"便利店销售业绩.xlsx"数据信息中的【订单详情数据】工作表进行以下处理。

（1）通过筛选的方式查看"商品名称"字段为空值的数据。

（2）将"商品名称"字段为空值的所有行进行删除。

（3）复制"数量"字段的值，并删除其重复项。

（4）运用 COUNTIF 函数对删除重复项后的结果进行计数。

（5）通过筛选的方式查看"数量"字段为【0】的数据，并对其所在的行进行删除。

（6）运用 TEXT 函数对订单时间进行日期的提取并将提取后的日期数据放至"订单日期"字段，最终得到的效果如图 7-32 所示。

	E	F	G	H	I	J
1	订单时间	订单日期	商品名称	商品类别	成本金额	销售单价
2	2017/11/3 11:55	2017/11/03	225g味之旅不规则饼干芝士味	饼干糕点	6.4	10.00
3	2017/11/3 12:03	2017/11/03	13g无穷烤鸡小腿蜂蜜味	肉干/豆制品/蛋	2	3.00
4	2017/11/5 14:00	2017/11/05	145ml旺仔牛奶盒装	乳制品	6.92	2.50
5	2017/11/6 11:16	2017/11/06	30g无穷农场盐焗鸡蛋	肉干/豆制品/蛋	6.1	9.00
6	2017/11/6 12:11	2017/11/06	13g无穷烤鸡小腿蜂蜜味	肉干/豆制品/蛋	8.15	12.50
7	2017/11/6 13:52	2017/11/06	20g咪咪虾条马来西亚风味	膨化食品	1.52	0.80
8	2017/11/6 15:53	2017/11/06	20g咪咪虾条马来西亚风味	膨化食品	0.76	0.80
9	2017/11/6 15:53	2017/11/06	600ml可口可乐	碳酸饮料	2.3	3.50
10	2017/11/6 16:04	2017/11/06	250ml原味豆奶	植物蛋白	13.7	20.50

订单详情数据　库存数据

图 7-32　最终的效果

第**8**章 分析商品的销售情况

我国坚持把发展经济的着力点放在实体经济上，助力实体经济的发展。商品销售情况在一定程度上可反映商品的销售量、营业额和盈利状况等，对商品销售额、商品盈利状况和各区域销售额等进行分析，可以促进生产的发展，做好销售工作。本章主要基于【订单数据】工作表分析商品的销售情况，则需计算每日商品销售额及其销售额环比、商品毛利率、各商品类别的销售数量和各区域销售额，并对计算结果进行可视化展示与分析。

学习目标

（1）了解环比、毛利率、销售量和区域销售额的含义。
（2）熟悉数据透视表的创建方法。
（3）掌握环比、毛利率和区域销售额的计算方法。
（4）掌握 SUMIF 函数的使用方法。
（5）掌握组合图、折线图、柱形图和条形图的绘制方法。

任务 **8.1** 分析商品销售额的环比

任务描述

为了了解商品的每日销售额和商品销售额的增长状况，需要对【订单数据】工作表中的商品每日销售额和商品日销售额的环比进行统计，并根据统计结果绘制簇状柱形图和折线图的组合图进行可视化分析。

任务分析

（1）运用 SUMIF 函数计算商品每日销售额。
（2）计算商品日销售额的环比。
（3）绘制簇状柱形图和折线图分析商品销售额及其环比。

8.1.1 计算商品日销售额的环比

环比是以某一期的数据和上期的数据进行比较，计算趋势百分比，以观察数据的增减变化情况，反映本期比上期增长了多少。对于成长性较强或业务受季节影响较小的公司，其收入或销售费用的数据常常使用环比指标进行分析。

环比由于采用基期的不同可分为日环比、周环比、月环比和年环比。本小节将使用日环比计算本周每天销售额的环比，若 A 代表本期销售数量，B 代表上期销售数量，C 代表该商品的环比增长率，则商品销售额的环比计算公式如式 8-1 所示。

$$C = \frac{A-B}{B} \times 100\% \qquad (8\text{-}1)$$

在计算销售额环比前需要先计算每日销售额，打开【订单数据】工作表，运用 SUMIF 函数计算每日销售额。

1. 计算每日销售额

计算商品日销售额的环比，需要先计算每日销售额，具体操作步骤如下。

（1）对"日期"字段进行去重处理。在【订单数据】工作表中，复制"日期"字段的值，并进行去重处理，然后创建【销售额环比】工作表，并将去重后的"日期"字段的值复制到【销售额环比】工作表中，如图 8-1 所示。

（2）输入公式计算每日销售额。添加"销售额"字段，选中单元格 B2，输入"=SUMIF(订单数据!C:C,A2,订单数据!H:H)"，如图 8-2 所示。

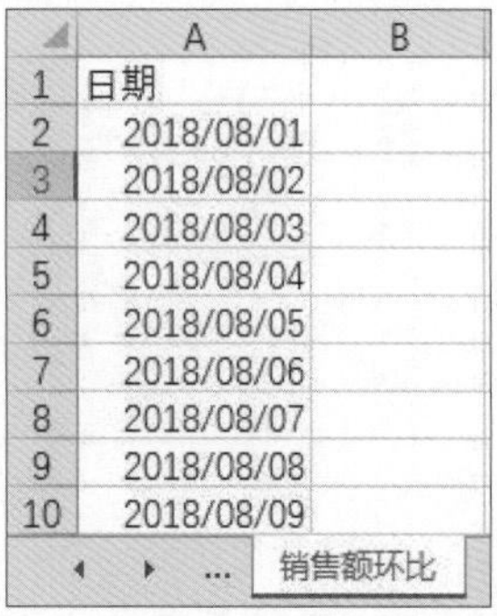

图 8-1　"日期"字段去重后的结果　　图 8-2　输入"=SUMIF(订单数据!C:C,A2,订单数据!H:H)"

（3）确定公式。按【Enter】键确定公式，然后用填充公式的方式计算每日销售额，结果如图 8-3 所示。

2. 计算商品日销售额的环比

根据式 8-1 计算商品日销售额的环比，具体操作步骤如下。

（1）输入公式计算商品日销售额环比。添加"销售额环比"字段，并将"销售额环比"字段的单元格格式设置为百分比且保留两位小数，然后选中单元格 C3，输入"=(B3-B2)/B2"，如图 8-4 所示。

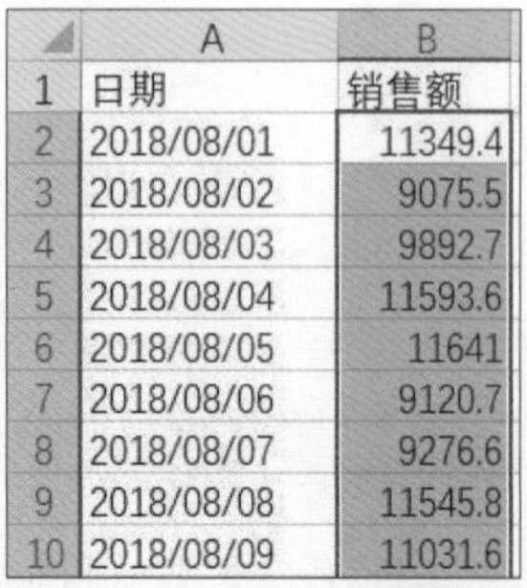

图 8-3　计算每日销售额　　　　　　图 8-4　输入"=(B3-B2)/B2"

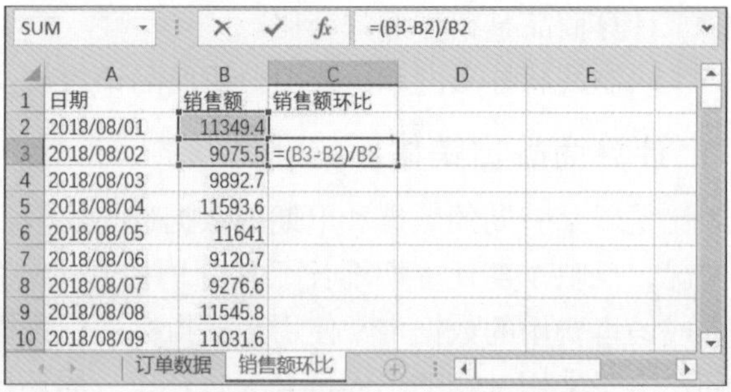

（2）确定公式。按【Enter】键确定公式，然用填充公式的方式计算所对应日期的销售

额环比，如图 8-5 所示。

	A	B	C
1	日期	销售额	销售额环比
2	2018/08/01	11349.4	
3	2018/08/02	9075.5	-20.04%
4	2018/08/03	9892.7	9.00%
5	2018/08/04	11593.6	17.19%
6	2018/08/05	11641	0.41%
7	2018/08/06	9120.7	-21.65%
8	2018/08/07	9276.6	1.71%
9	2018/08/08	11545.8	24.46%
10	2018/08/09	11031.6	-4.45%

图 8-5　计算每日销售额的环比

8.1.2　绘制簇状柱形图和折线图分析商品销售额的环比

基于 8.1.1 小节得到的数据，绘制商品的每日销售额和环比值的簇状柱形图和折线图的组合图，具体操作步骤如下。

（1）打开【插入图表】对话框。在【销售额环比】工作表中选中单元格区域 A1:C32，再在【插入】选项卡的【图表】命令组中单击 按钮，打开【插入图表】对话框，如图 8-6 所示。

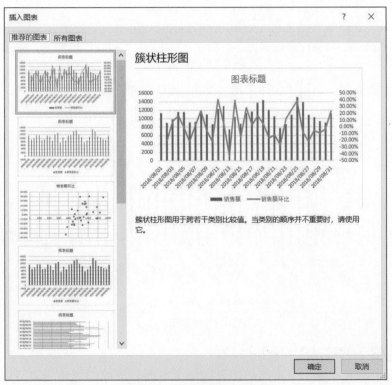

图 8-6　【插入图表】对话框

（2）选择组合图。切换至【所有图表】选项卡，选择【组合图】选项，然后在【为您的数据系列选择图表类型和轴】列表框中将"销售额环比"设置为【次坐标轴】，如图 8-7 所示。

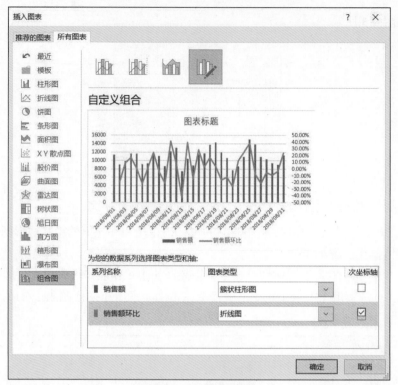

图 8-7　选择组合图

（3）绘制组合图。单击【确定】按钮即可绘制组合图，效果如图 8-8 所示。

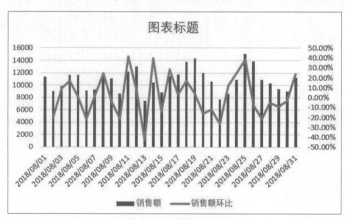

图 8-8　绘制组合图

（4）修改图表元素，具体操作步骤如下。

① 单击【图表标题】文本激活图表标题文本框，更改图表标题为"商品销售额及其环比"。

② 选中组合图，单击组合图右边的 + 按钮，在打开的列表框中勾选【坐标轴标题】复选框，然后将横坐标轴标题设置为"日期"，纵坐标轴标题分别设置为"销售额（元）""销售额环比"。

③ 将图表标题、坐标轴标题的字体改为宋体，再将图表标题、坐标轴标题以及标签、

图例的字体颜色改为黑色。

　　④ 将图例移至图表的右上角，最终得到的效果如图 8-9 所示。

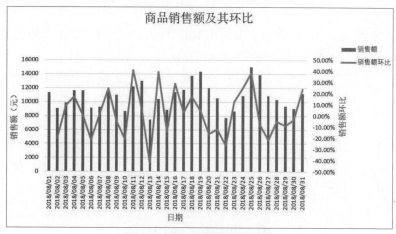

图 8-9　商品销售额及其环比

　　由图 8-9 可知，2018 年 8 月 11 日的销售额环比值最大，2018 年 8 月 13 日的销售额环比值最小，整个环比趋势具有一定的波动性；销售额在 2018 年 8 月 4 日、5 日、11 日、12 日、18 日、19 日、25 日和 26 日的值相对于其他时间较大，即周末的销售额相对较高，工作日的销售额相对较低。

任务 **8.2**　分析商品毛利率

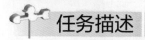 任务描述

　　为了查看商品每日的盈利情况，需要在【订单数据】工作表中利用数据透视表统计商品每日成本金额和消费金额，从而计算商品每日毛利率，并对计算结果进行可视化分析。

任务分析

　　（1）利用数据透视表统计商品每日消费金额和成本金额。
　　（2）利用式 8-2 计算商品每日毛利率。
　　（3）绘制成本金额和毛利率的折线图并对其进行分析。

8.2.1　计算商品毛利率

　　在现实生活中，毛利率可以用来衡量一个企业在实际生产或经营过程中的获利能力，同时也能够体现一个企业主营业务的盈利空间和变化趋势，其还是核算企业经营成果和判断价格制订是否合理的依据。

　　毛利率是毛利与销售收入（或营业收入）的占比，其中毛利是商品单价和与商品对应的成本之间的差额，毛利率计算公式如式 8-2 所示。

$$g_{毛利率} = \frac{g_{销售金额} - g_{成本金额}}{g_{销售金额}} \times 100\% \qquad (8\text{-}2)$$

1. 计算商品成本金额和消费金额

根据式 8-2 可知，在计算商品毛利率之前需要计算商品成本金额和商品销售金额，具体操作步骤如下。

（1）输入公式。在【订单数据】工作表中的 P 列添加"成本金额"辅助字段，再在单元格 P2 中输入"=K2*M2"，如图 8-10 所示。

图 8-10　输入"=K2*M2"

（2）确认公式。按【Enter】键即可计算该笔订单的成本金额，然后将鼠标指针移到单元格 P2 的右下角，当指针变为黑色且加粗的"+"形状时双击即可计算所有订单的成本金额。如图 8-11 所示。

图 8-11　计算成本金额

（3）创建空白数据透视表。在【订单数据】工作表内单击数据区域内任一单元格，然后在【插入】选项卡的【表格】命令组中单击【数据透视表】按钮，打开【创建数据透视表】对话框，单击【确定】按钮即可创建一个空白数据透视表，并打开【数据透视表字段】窗格，如图 8-12 所示。

图 8-12　空白数据透视表

（4）添加字段。将"日期"字段拖曳至【行】区域，再将"成本金额""消费金额"字段拖曳至【值】区域，如图 8-13 所示，创建的数据透视表如图 8-14 所示。

	A	B	C
1	行标签 ▼	求和项:成本金额	求和项:消费金额
2	2018/08/01	8130.5	11349.4
3	2018/08/02	6440.9	9075.5
4	2018/08/03	6982.2	9892.7
5	2018/08/04	8256.5	11593.6
6	2018/08/05	8278.9	11641
7	2018/08/06	6475.2	9120.7
8	2018/08/07	6652	9276.6
9	2018/08/08	8283.1	11545.8
10	2018/08/09	7812.1	11031.6

图 8-13　添加字段　　　　　　　　图 8-14　创建的数据透视表

（5）修改字段和工作表名称。将数据透视表中的"行标签""求和项:消费金额""求和项:成本金额"的值复制到当前工作表单元格区域 E1:G32，并将单元格 E1 命名为"日期"，单元格 F1 命名为"成本金额"，单元格 G1 命名为"消费金额"，工作表重命名为【商品毛利率】，效果如图 8-15 所示。

2. 计算毛利率

利用成本金额和销售金额计算毛利润，具体操作步骤如下。

（1）添加字段。在【商品毛利率】工作表 H 列添加"毛利率"辅助字段，如图 8-16 所示。

	E	F	G	H
1	日期	成本金额	消费金额	
2	2018/08/01	8130.5	11349.4	
3	2018/08/02	6440.9	9075.5	
4	2018/08/03	6982.2	9892.7	
5	2018/08/04	8256.5	11593.6	
6	2018/08/05	8278.9	11641	
7	2018/08/06	6475.2	9120.7	
8	2018/08/07	6652	9276.6	
9	2018/08/08	8283.1	11545.8	
10	2018/08/09	7812.1	11031.6	

	E	F	G	H
1	日期	成本金额	消费金额	毛利率
2	2018/08/01	8130.5	11349.4	
3	2018/08/02	6440.9	9075.5	
4	2018/08/03	6982.2	9892.7	
5	2018/08/04	8256.5	11593.6	
6	2018/08/05	8278.9	11641	
7	2018/08/06	6475.2	9120.7	
8	2018/08/07	6652	9276.6	
9	2018/08/08	8283.1	11545.8	
10	2018/08/09	7812.1	11031.6	

图 8-15　【商品毛利率】工作表　　　　图 8-16　添加"毛利率"辅助字段

（2）设置单元格格式。选中单元格区域 H2:H32，右键单击，在打开的快捷菜单中选择【设置单元格格式】命令，然后在打开的【设置单元格格式】对话框中选择【分类】列表框中的【百分比】选项，并将【小数位数】设置为 2，如图 8-17 所示，单击【确定】按钮。

（3）输入公式计算毛利率。选中单元格 H2，输入"=(G2-F2)/G2"，如图 8-18 所示。

图 8-17　设置单元格格式

（4）确定公式。按【Enter】键即可计算 2018 年 8 月 1 日毛利率的值，然后采用填充公式的方式计算剩余日期所对应的毛利率，结果如图 8-19 所示。

图 8-18　输入"=(G2-F2)/G2"　　　　　图 8-19　计算毛利率

8.2.2　绘制折线图分析商品毛利率

基于 8.2.1 小节得到的【商品毛利率】工作表中的数据，绘制商品每日成本金额和毛利率的折线图，具体操作步骤如下。

（1）选择数据。基于图 8-19 中的数据，选中单元格区域 E1:F32 和单元格区域 H1:H32。

（2）打开【插入图表】对话框。在【插入】选项卡的【图表】命令组中单击 图 按钮，打开【插入图表】对话框。

（3）选择组合图。在【插入图表】对话框中切换至【所有图表】选项卡，然后选择【组合图】选项，再在【为您的数据系列选择图表类型和轴】列表框中将"毛利率"设置为【次坐标轴】，如图 8-20 所示。

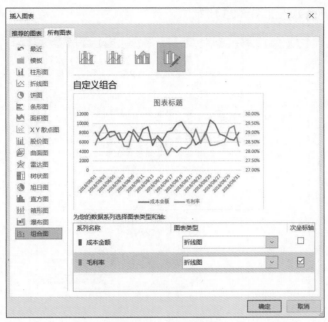

图 8-20　选择组合图

（4）绘制组合图。单击【确定】按钮即可绘制组合图，效果如图 8-21 所示。

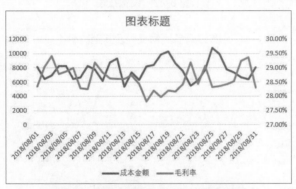

图 8-21　绘制成本金额和毛利率组合图

（5）修改图表元素，具体操作步骤如下。

① 单击【图表标题】文本激活图表标题文本框，更改图表标题为"每日商品成本金额及其毛利率"。

② 选中组合图，单击组合图右边的 ✚ 按钮，在打开的列表框中勾选【坐标轴标题】复选框，然后将横坐标轴标题设置为"日期"，纵坐标轴标题分别设置为"成本金额（元）""毛利率"。

③ 将图表标题、坐标轴标题的字体改为宋体，再将图表标题、坐标轴标题以及标签、图例的字体颜色改为黑色。

④ 将图例移至图表的右上角。

⑤ 选中成本金额的折线，再在【格式】选项卡的【形状样式】命令组中单击【形状轮廓】按钮，然后依次选择【虚线】→【方点】，如图 8-22 所示，对成本金额的折线进行形

状设置。最终得到的效果如图 8-23 所示。

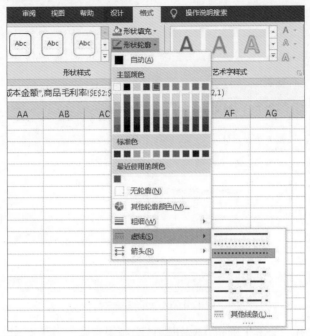

图 8-22　设置线型

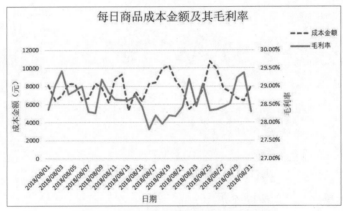

图 8-23　每日商品成本金额及其毛利率

由图 8-23 可知，2018 年 8 月的商品毛利率值均为 27.50%～29.50%，整体趋势具有一定的波动性；8 月 3 日，商品的毛利率达到了最大值；8 月 16 日，毛利率达到最小值。

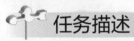 **任务 8.3** 分析商品销售量排行

任务描述

为了查看哪些商品的销售数量是比较大的和哪些商品是热销的，以及分析商品的促销情况，需要在【订单数据】工作表中利用数据透视表统计各类别商品的销售量，并对统计结果进行可视化分析。

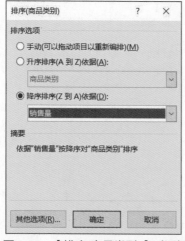

任务分析

（1）利用数据透视表统计各类别商品的销售量。

（2）根据商品的销售量进行降序排序。

（3）绘制柱形图并分析各类别商品的销售量。

8.3.1 统计各类别商品的销售量

商品的销售量是指企业在一定时期内实际销售的产品数量，是大多数企业在进行商品销售分析时常选的分析指标之一。

在【订单数据】工作表中，利用数据透视表统计计算 8 月各类别商品的销售量，具体操作步骤如下。

（1）打开【创建数据透视表】对话框。在【订单数据】工作表中，单击数据区域内任一单元格，然后在【插入】选项卡的【表格】命令组中单击【数据透视表】按钮，打开【创建数据透视表】对话框。

（2）创建空白数据透视表。单击【确定】按钮即可创建一个空白数据透视表，并打开【数据透视表字段】窗格。

（3）统计各类别商品的销售量。将"商品类别"字段拖曳至【行】区域，"购买数量.个."字段拖曳至【值】区域，然后将"购买数量.个."字段重命名为"销售量"，如图 8-24 所示。

（4）降序排序。单击"商品类别"字段旁边的下拉按钮，在打开的下拉列表框中选择【其他排序选项】，打开【排序(商品类别)】对话框，选中【降序排序(Z 到 A)依据】单选按钮，并选择排序依据为"销售量"，如图 8-25 所示，然后单击【确定】按钮，结果如图 8-26 所示。

	A	B
1	商品类别	销售量
2	饼干	1291
3	蛋糕糕点	807
4	方便速食	5760
5	即食熟肉	3219
6	咖啡	1134
7	零食	2106
8	牛奶	1137
9	膨化食品	471
10	其他	869
11	水	8106
12	糖果甜食	28
13	饮料	60480
14	纸巾	117
15	总计	85525

图 8-24　统计各类别商品的销售量

图 8-25　【排序(商品类别)】对话框

	A	B
1	商品类别	销售量
2	饮料	60480
3	水	8106
4	方便速食	5760
5	即食熟肉	3219
6	零食	2106
7	饼干	1291
8	牛奶	1137
9	咖啡	1134
10	其他	869
11	蛋糕糕点	807
12	膨化食品	471
13	纸巾	117
14	糖果甜食	28
15	总计	85525

图 8-26　进行降序排序的结果

（5）重命名工作表。将数据透视表所在的工作表重命名为【各类别商品销售量】。

8.3.2 绘制柱形图分析商品销售量排行

基于 8.3.1 小节数据透视表所得到的数据绘制关于各类别商品销售量的柱形图，具体操作步骤如下。

（1）打开【插入图表】对话框。选中数据透视表中的单元格区域 A2:B14，再在【插入】选项卡的【图表】命令组中单击【数据透视图】按钮，打开【插入图表】对话框。

（2）绘制柱形图。在【插入图表】对话框中，选择【柱形图】选项，系统默认选择【簇状柱形图】，单击【确定】按钮即可绘制柱形图，效果如图 8-27 所示。

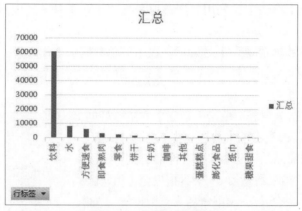

图 8-27　绘制的柱形图

（3）修改图表元素，具体操作步骤如下。

① 右键单击图例，在打开的快捷菜单中选择【删除】命令，将图例删除。

② 单击【汇总】文本激活图表标题文本框，更改图表标题为"各类别商品销售量排行"。

③ 选中柱形图，单击柱形图右边的 ✚ 按钮，在打开的列表框中勾选【坐标轴标题】复选框，然后将横坐标轴标题设置为"商品类别"，纵坐标轴标题设置为"销售量"。

④ 将图表标题、坐标轴标题的字体改为宋体，图表标题、坐标轴标题及标签的字体颜色改为黑色。最终得到的效果如图 8-28 所示。

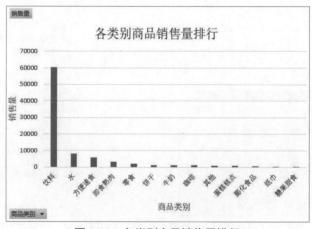

图 8-28　各类别商品销售量排行

由图 8-28 可知，2018 年 8 月饮料类的商品销售数量最多，其次分别为水、方便速食、即食熟肉、零食和饼干等，糖果甜食、纸巾和膨化食品的销售数量相对较少。

任务 8.4　各区域销售额对比分析

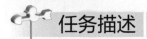 任务描述

为了了解各区域的商品销售情况，需要在【订单数据】工作表中运用 SUMIF 函数计算各区域的销售额，并对计算结果进行可视化分析。

任务分析

（1）运用 SUMIF 函数计算各区域的销售额。

（2）绘制条形图分析各区域的销售额。

8.4.1　计算各区域销售额

区域销售额是指各个区域的所有订单消费金额的总和，是衡量各个区域销售状况的重要指标之一。若 S 代表某区域的销售额，A_i 代表某区域第 i 笔订单的消费金额，n 代表某区域销售的订单总数，i 代表某区域销售订单总数中的第 i 笔订单，则各区域销售额的计算公式如式 8-3 所示。

$$S = \sum_{i=1}^{n} A_i \qquad (8\text{-}3)$$

在【订单数据】工作表中，运用 SUMIF 函数计算各区域销售额，具体操作步骤如下。

（1）对"区域"字段的值进行去重处理。在【订单数据】工作表中，复制"区域"字段的值并对其进行去重处理，然后创建【各区域销售额】工作表，并将去重后的结果复制到【各区域销售额】工作表中，接着添加"销售额"字段，如图 8-29 所示。

（2）输入公式计算销售额。选中单元格 B2，输入"=SUMIF(订单数据!O:O,A2,订单数据!H:H)"，如图 8-30 所示。

图 8-29　对"区域"字段的值进行去重处理　　图 8-30　输入"=SUMIF(订单数据!O:O,A2,订单数据!H:H)"

（3）确定公式。按【Enter】键即可计算当前区域的销售额，然后用填充公式的方式计算剩余区域的销售额，如图 8-31 所示。

（4）进行升序排序。根据"销售额"字段的值对各区域销售额进行升序排序，结果如图 8-32 所示。

	A	B
1	区域	销售额
2	珠海市	22808.9
3	佛山市	31323.1
4	广州市	105246.7
5	韶关市	12712.2
6	中山市	18528.9
7	深圳市	82987.3
8	东莞市	62404.2

图 8-31　各区域的销售额

	A	B
1	区域	销售额
2	韶关市	12712.2
3	中山市	18528.9
4	珠海市	22808.9
5	佛山市	31323.1
6	东莞市	62404.2
7	深圳市	82987.3
8	广州市	105246.7

图 8-32　升序排序后的结果

8.4.2　绘制条形图分析各区域销售额

基于 8.4.1 小节计算出的各区域销售额数据绘制条形图，具体操作步骤如下。

（1）选择数据。基于图 8-32 展示的数据，选中单元格区域 A2:B8。

（2）打开【插入图表】对话框。在【插入】选项卡的【图表】命令组中单击 按钮，打开【插入图表】对话框。

（3）选择簇状条形图。在【插入图表】对话框中切换至【所有图表】选项卡，选择【条形图】选项，系统将默认选择【簇状条形图】。

（4）绘制条形图。单击【确定】按钮即可绘制条形图，如图 8-33 所示。

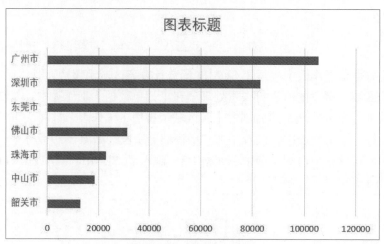

图 8-33　绘制的条形图

（5）修改图表元素，具体操作步骤如下。

① 单击【图表标题】文本激活图表标题文本框，更改图表标题为"各区域销售额"。

② 选中柱形图，单击柱形图右边的 按钮，然后在打开的列表框中勾选【坐标轴标题】复选框，将横坐标轴标题设置为"销售额（元）"，纵坐标轴标题设置为"区域"。

③ 将图表标题、坐标轴标题的字体改为宋体，图表标题、坐标轴标题及标签的字体颜色改为黑色。最终得到的效果如图 8-34 所示。

由图 8-34 可知，广州市的销售额最高，其次是深圳市、东莞市和佛山市；珠海市、中山市和韶关市的销售额相对较低，且它们之间的销售额相差不大。

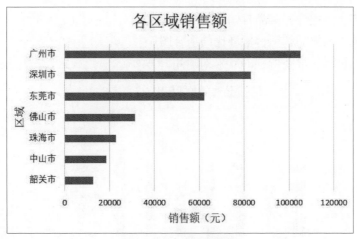

图 8-34　各区域销售额

小结

本章主要介绍了基于新零售智能销售数据，通过销售额的环比、毛利润、销售量、区域销售额等指标的计算和可视化实现商品销售情况分析。其中，商品销售情况分析包括销售额的环比分析、商品毛利率分析、商品销售量排行分析、各区域销售额对比分析。

实训

实训 1　分析菜品销售额的环比

1. 训练要点

（1）掌握 SUMIF 函数的使用方法。

（2）掌握每日菜品销售额的计算方法。

（3）掌握环比的计算方法。

（4）掌握簇状柱形图和折线图的组合图的绘制方法。

2. 需求说明

某餐饮企业为了解菜品的销售情况，需要对【餐饮数据】工作表中的菜品数据进行分析。打开【餐饮数据】工作表，先计算 2018 年 8 月 22 日到 28 日一周中的每日菜品销售额，再根据销售额计算销售额环比，然后绘制出关于销售额和销售额环比的簇状柱形图和折线图的组合图，并对结果进行分析。

3. 实现思路及步骤

（1）复制【餐饮数据】工作表中的"日期"字段的值并对其进行去重处理，然后创建【销售额环比】工作表，并将去重结果复制到【销售额环比】工作表中，然后，添加"销售额"字段。

（2）利用 SUMIF 函数计算每日菜品销售额。

（3）创建"销售额环比"字段。

（4）利用环比公式计算菜品日销售额的环比。

（5）绘制关于销售额和销售额环比的组合图。

（6）美化组合图。最终得到的效果如图 8-35 所示。

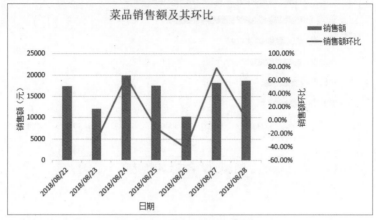

图 8-35　菜品销售额及其环比

实训 2　分析菜品毛利率

1．训练要点

（1）掌握创建数据透视表的方法。

（2）掌握计算成本金额的方法。

（3）掌握毛利率的计算方法。

（4）掌握折线图和折线图的组合图的绘制方法。

2．需求说明

毛利率可以用于衡量菜品的获利能力。某餐饮企业为了解 2018 年 8 月 22 日到 28 日这一周的菜品盈利情况，需对【餐饮数据】工作表中的餐饮数据进行分析。利用数据透视表统计每日菜品成本金额和消费金额，从而计算出每日菜品的毛利率，再根据计算结果绘制关于成本金额和毛利率的组合图，并对结果进行分析。

3．实现思路及步骤

（1）在【餐饮数据】工作表中，计算菜品成本金额。

（2）以"日期"字段为行，"成本金额"和"消费金额"字段为值创建数据透视表，统计菜品每日成本金额和消费金额。

（3）重命名当前工作表为【毛利率】。

（4）将数据透视表中的数据复制到当前工作表的空白区域，并设置字段分别为"日期""成本金额""消费金额"。

（5）添加"毛利率"辅助字段，并计算每日菜品的毛利率。

（6）绘制关于成本金额和毛利率的组合图。

（7）美化组合图。最终得到的效果如图 8-36 所示。

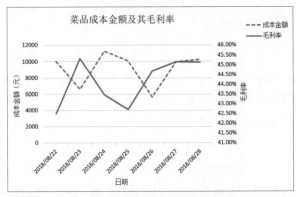

图 8-36　菜品成本金额及其毛利率

实训 3　分析菜品销售量排行

1. 训练要点

（1）掌握创建数据透视表的方法。

（2）掌握各菜品类别销售量的计算方法。

（3）掌握簇状柱形图的绘制方法。

2. 需求说明

某餐饮企业为了解 2018 年 8 月 22 日到 28 日这一周的菜品销售情况，需判断哪些菜品是热销的，还需对【餐饮数据】工作表中的菜品销售额进行分析。在【餐饮数据】工作表中，利用数据透视表统计各区域的菜品销售数量，并对统计结果进行可视化分析。

3. 实现思路及步骤

（1）在【餐饮数据】工作表中，以"菜品类别"字段为行，"数量"字段为值创建数据透视表，统计各菜品类别的数量。

（2）根据"菜品数量"字段进行降序排序。

（3）根据数据透视表中的菜品数量绘制关于各类菜品销售量的柱形图。

（4）美化柱形图。最终得到的效果如图 8-37 所示。

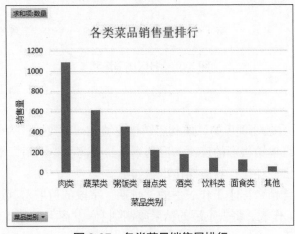

图 8-37　各类菜品销售量排行

实训 4　分析各区域的销售额

1. 训练要点

（1）掌握 SUMIF 函数的使用方法。

（2）掌握各区域销售额的计算方法。

（3）掌握簇状条形图的绘制方法。

2. 需求说明

区域销售额是衡量一个区域销售状况的指标。某餐饮企业为了解珠海、佛山、深圳和广州 4 个区域的销售情况，需对【餐饮数据】工作表中的区域销售额进行分析。在【餐饮数据】工作表中，运用 SUMIF 函数计算各区域的菜品销售额，并对计算结果进行可视化分析。

3. 实现思路及步骤

（1）复制【餐饮数据】工作表中的"区域"字段的值并对其进行去重处理，然后创建【各区域销售额】工作表，将去重结果复制到【各区域销售额】中，再添加"销售额"字段。

（2）运用 SUMIF 函数计算各区域的销售额。

（3）根据销售额对数据进行升序排序。

（4）绘制关于各区域销售额的条形图。

（5）美化条形图。最终得到的效果如图 8-38 所示。

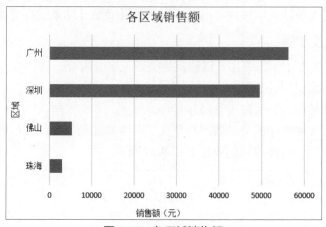

图 8-38　各区域销售额

课后习题

基于第 7 章课后习题处理后的"便利店销售业绩.xlsx"数据，为分析所有商品的销售情况，需要计算每日订单销售额的环比、毛利率以及各商品类别销售量等指标。

计算每日订单销售额环比，具体操作步骤如下。

（1）复制【订单详情数据】工作表中的"日期"字段的值并对其进行去重处理，然后创建【销售额环比】工作表，将去重后的结果复制到【销售额环比】工作表中，再添加"销售额"字段。

（2）运用 SUMIF 函数计算每日订单销售额。

（3）利用式 8-1 计算订单日销售额的环比。

（4）绘制关于每日订单销售额和订单日销售额环比的组合图，并进行分析。

（5）美化组合图。最终得到的效果如图 8-39 所示。

图 8-39　每日订单销售额及其环比

计算每日订单毛利率，具体操作步骤如下。

（1）利用数据透视表统计每日订单的成本金额和销售金额，并重命名工作表为【商品毛利率】。

（2）利用式 8-2 计算每日订单毛利率。

（3）绘制折线图并对每日订单毛利率进行可视化分析。

（4）美化图形。最终得到的效果如图 8-40 所示。

图 8-40　每日订单成本金额及其毛利率

计算各商品类别销售量，具体操作步骤如下。

（1）利用数据透视表统计各商品类别的销售数量，并重命名工作表为【商品类别销售量】。

（2）绘制柱形图并对各商品类别销售数量进行可视化分析。

（3）美化柱形图。最终得到的效果如图 8-41 所示。

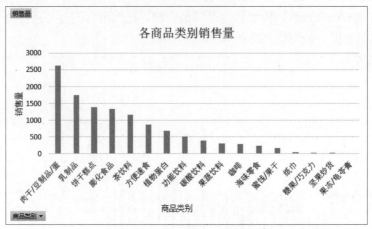

图 8-41　各商品类别销售量

第 9 章　分析商品库存

对库存中商品的分布结构和数量占比进行分析，能从中挖掘出隐含的商品信息，得出相对具有价值的建议。本章主要介绍计算库存中各商品类别的存销比和数量占比，并利用可视化图形对结果进行展示，从而对商品库存情况进行分析。

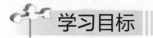 学习目标

（1）了解存销比和各商品类别数量占比的含义。

（2）掌握存销比和各商品类别数量占比的计算方法。

（3）掌握关于各商品类别的库存数量、销售数量和存销比的簇状柱形图和折线图的组合图的绘制方法。

（4）掌握关于各商品类别数量占比饼图的绘制方法。

任务 9.1　分析商品的存销比

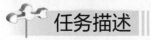 任务描述

为了查看商品库存的总量与结构，以及分析库存结构是否合理，需要通过各商品类别的库存数量和销售数量计算存销比，并绘制簇状柱形图和折线图的组合图。

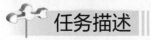 任务分析

（1）计算各商品类别的库存数量和销售数量。

（2）计算各商品类别的存销比。

（3）绘制关于各商品类别的库存数量、销售数量和存销比的簇状柱形图和折线图的组合图。

9.1.1　计算存销比

存销比是指在一个周期内，期末库存数量与周期内总销售量的比值。存销比的意义在于：它揭示了一个单位的销售额需要多少个单位的库存来支持。存销比过高意味着库存总量或销售结构不合理，资金效率低；存销比过低意味着库存总量不足，利润难以最大化。存销比还是反映商品的库存周转率的一个常用的指标，越是畅销的商品，其存销比值越小，说明商品的库存周转率越高；越是滞销的商品，其存销比值就越大，说明商品的库存周转率越低。存销比的计算公式如式 9-1 所示。

$$存销比 = \frac{期末库存数量}{周期内销售数量} \times 100\% \tag{9-1}$$

Excel 数据分析基础与实战

在【库存数据】工作表中，计算存销比需要先计算库存数量和销售数量，具体操作步骤如下。

1. 计算库存数量

在【库存数据】工作表中，通过数据透视表的方式计算 2018 年 8 月 27 日的库存数量，具体操作步骤如下。

（1）打开【创建数据透视表】对话框。打开【库存数据】工作表，单击数据区域内任一单元格，在【插入】选项卡的【表格】命令组中单击【数据透视表】按钮，打开【创建数据透视表】对话框，如图 9-1 所示。

（2）创建空白数据透视表。单击【确定】按钮即可创建一个空白数据透视表，并打开【数据透视表字段】窗格，如图 9-2 所示。

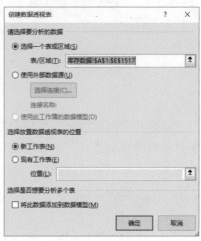

图 9-1　【创建数据透视表】对话框

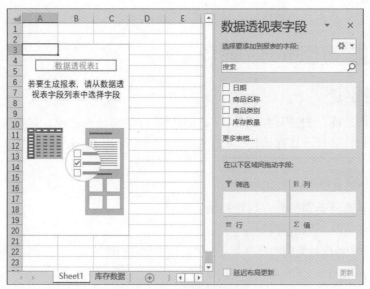

图 9-2　空白数据透视表

（3）添加"日期""商品类别""库存数量"字段。将"日期"字段和"商品类别"字段拖曳至【行】区域，将"库存数量"字段拖曳至【值】区域，如图 9-3 所示，创建的数据透视表如图 9-4 所示。

（4）计算 2018 年 8 月 27 日各类商品的库存数量。单击单元格 A1 旁边的下拉按钮，在打开的【选择字段:】对话框中勾选"2018/08/27"复选框，如图 9-5 所示，然后单击【确定】按钮，所得结果即为 2018 年 8 月 27 日各类商品的库存数量，如图 9-6 所示。

图 9-3　计算各日期和各商品类别的库存数量

图 9-4　各日期和各商品类别的库存数量

图 9-5　选择日期

图 9-6　2018 年 8 月 27 日各类商品的库存数量

2. 计算销售数量

在【订单数据】工作表中，通过创建数据透视表的方式计算销售数量，具体的操作步骤如下。

（1）创建空白数据透视表。打开【订单数据】工作表，单击数据区域内任一单元格，然后在【插入】选项卡的【表格】命令组中单击【数据透视表】按钮，打开【创建数据透视表】对话框，接着单击【确定】按钮即可创建一个空白数据透视表。

（2）计算各商品类别的销售数量。将"商品类别"字段拖曳至【行】区域，"购买数量.个."字段拖曳至【值】区域，如图 9-7 所示，创建数据透视表，然后将数据透视表的字段分别重命名为"商品类别""销售数量",结果如图 9-8 所示。

图 9-7　计算各商品类别的销售数量

图 9-8　各商品类别的销售数量

3. 计算存销比

通过库存数量与销售数量计算存销比,具体的操作步骤如下。

(1) 创建【存销比】工作表。创建新的工作表并重命名为【存销比】,然后将图 9-6 中的全部数据和图 9-8 中的"销售数量"字段复制到【存销比】工作表中,再将"库存数量"字段改为"期末库存数量",并在 D 列添加"存销比"辅助字段,如图 9-9 所示。

(2) 计算存销比。在单元格 D2 中输入"=B2/C2",按【Enter】键即可计算饼干类的存销比,然后将鼠标指针移动到单元格 D2 的右下角,当指针变为黑色且加粗的"+"形状时双击即可计算其他商品类别的存销比,如图 9-10 所示。

	A	B	C	D
1	商品类别	期末库存数量	销售数量	存销比
2	饼干	715	1291	
3	蛋糕糕点	596	807	
4	方便速食	3019	5760	
5	即食熟肉	1677	3219	
6	咖啡	623	1134	
7	零食	957	2106	
8	牛奶	554	1137	
9	膨化食品	433	471	
10	其他	723	869	

图 9-9　创建的【存销比】工作表

	A	B	C	D
1	商品类别	期末库存数量	销售数量	存销比
2	饼干	715	1291	0.553834237
3	蛋糕糕点	596	807	0.738537794
4	方便速食	3019	5760	0.524131944
5	即食熟肉	1677	3219	0.520969245
6	咖啡	623	1134	0.549382716
7	零食	957	2106	0.454415954
8	牛奶	554	1137	0.487247142
9	膨化食品	433	471	0.919320594
10	其他	723	869	0.831990794

图 9-10　存销比计算结果

(3) 设置单元格格式。右键单击图 9-10 所示的单元格区域 D2:D14,在打开的快捷菜单中选择【设置单元格格式】命令,然后在打开的【设置单元格格式】对话框中,选择【分类】列表框中的【百分比】选项,并将【小数位数】设置为 2,如图 9-11 所示,完成后单击【确定】按钮,效果如图 9-12 所示。

图 9-11　设置单元格格式

	A	B	C	D
1	商品类别	期末库存数量	销售数量	存销比
2	饼干	715	1291	55.38%
3	蛋糕糕点	596	807	73.85%
4	方便速食	3019	5760	52.41%
5	即食熟肉	1677	3219	52.10%
6	咖啡	623	1134	54.94%
7	零食	957	2106	45.44%
8	牛奶	554	1137	48.72%
9	膨化食品	433	471	91.93%
10	其他	723	869	83.20%
11	水	3203	8106	39.51%
12	糖果甜食	45	28	160.71%
13	饮料	20723	60480	34.26%
14	纸巾	95	117	81.20%

Sheet1　存销比　库存数据　(+)

图 9-12　存销比单元格格式更改后的效果

9.1.2　绘制簇状柱形图和折线图分析各类商品的存销比

基于图 9-12 所示的数据，绘制簇状柱形图和折线图，具体操作步骤如下。

（1）打开【插入图表】对话框。在【存销比】工作表中选中单元格区域 A1:D14，然后在【插入】选项卡的【图表】命令组中单击 🖻 按钮，打开【插入图表】对话框，如图 9-13所示。

（2）选择图表类型。切换至【所有图表】选项卡，然后在左边选择【组合图】选项，在右边选择【簇状柱形图 - 次坐标轴上的折线图】选项，并设置存销比为【次坐标轴】，如图 9-14 所示。

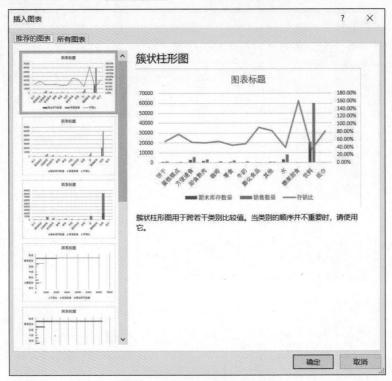

图 9-13 【插入图表】对话框

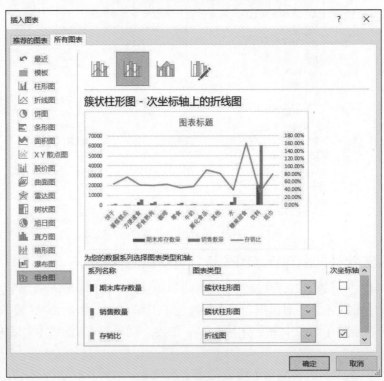

图 9-14 选择图表类型

（3）绘制组合图。单击【确定】按钮即可绘制组合图，如图 9-15 所示。

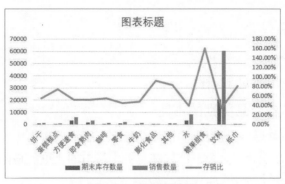

图 9-15　绘制组合图

（4）修改图表元素。修改组合图中的图表元素，具体操作步骤如下。

① 单击【图表标题】文本激活图表标题文本框，更改图表标题为"各商品类别的期末库存数量、销售数量和存销比"。

② 选中组合图，单击组合图右边的 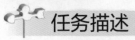 按钮，在打开的列表框中勾选【坐标轴标题】复选框，然后将横坐标轴标题改为"商品类别"，纵坐标轴标题分别改为"数量""存销比"。

③ 将图表标题、坐标轴标题的字体改为宋体，图表标题、坐标轴标题以及标签、图例的字体颜色改为黑色。

④ 将图例移至图表的右上角。组合图的最终效果如图 9-16 所示。

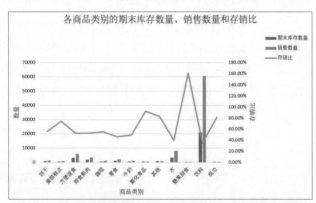

图 9-16　各商品类别的期末库存数量、销售数量和存销比

由图 9-16 可知，糖果甜食和膨化食品的存销比较高，而库存数量和销售数量却相对较少；饮料的存销比最低，但其库存数量和销售数量最多。因此在一定程度上可说明饮料类商品属于畅销的商品。

任务 9.2　分析库存的各商品类别的占比

任务描述

为了查看库存中的各商品类别的库存数量占比并分析占比情况，对商品库存的数量调整提供意见，需要通过库存数量计算各商品类别的占比，并绘制饼图。

![任务分析图标] 任务分析

（1）计算各商品类别的库存数量。

（2）绘制各商品类别的占比饼图。

9.2.1　计算库存的各商品类别的占比

在现实生活中，运用到占比指标的领域非常广泛，如股份占比、地区占比、库存占比等。占比的意义都是在于计算某个个体数在总数中所占的比重。总体来说，占比是指目标个数占总数的比例，其计算公式如式 9-2 所示。

$$占比=\frac{目标个数}{总数}\times100\% \tag{9-2}$$

在【库存数据】工作表中计算各商品类别的占比，需要先计算各商品类别的库存数量，具体操作步骤如下。

1．计算库存数量

在【库存数据】工作表中，通过数据透视表的方式计算各类商品的库存数量，具体操作步骤如下。

（1）对"商品类别"字段进行降序。打开【库存数据】工作表，单击"商品类别"字段数据区域内的任一单元格，然后在【开始】选项卡的【编辑】命令组中单击【排序和筛选】按钮，再在打开的下拉菜单中选择【降序】命令。

（2）创建分类汇总。单击数据区域内任一单元格，然后在【数据】选项卡的【分级显示】命令组中单击【分类汇总】按钮，打开【分类汇总】对话框，如图 9-17 所示。

（3）选择"商品类别""库存数量"字段。在【分类汇总】对话框中的【分类字段】下拉列表框中选择"商品类别"，在【选定汇总项】列表框中选择"库存数量"，如图 9-18 所示。

图 9-17　【分类汇总】对话框

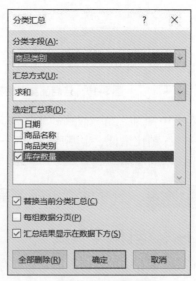

图 9-18　选择字段

（4）计算各商品类别的库存数量。单击【确定】按钮即可计算出各商品类别的库存数量，如图 9-19 所示，然后单击图 9-19 左上方的按钮【2】，即可汇总各商品类别的库存数量，如图 9-20 所示。

图 9-19　各商品类别的库存数量

图 9-20　各商品类别的库存数量的汇总结果

2. 计算占比

计算各商品类别的库存数量占比，需要根据各商品类别库存数量与总库存数量进行计算，具体操作步骤如下。

（1）添加"占比"辅助字段。在【库存数据】工作表中的 E 列添加"占比"辅助字段，如图 9-21 所示。

图 9-21　添加"占比"辅助字段

（2）设置单元格格式。右键单击单元格区域 E18:E1530，然后在打开的快捷菜单中选择【设置单元格格式】命令，再在打开的【设置单元格格式】对话框中选择【分类】列表框中的【百分比】选项，并将【小数位数】设置为 2，单击【确定】按钮。

（3）计算各商品类别的库存数量占比。在单元格 E18 中输入"=D18/$D$1531"，按【Enter】键即可计算纸巾类商品的库存数量占比，然后将鼠标指针移到单元格 E18 的右下角，当指针变为黑色且加粗的"+"形状时双击即可计算其他商品类别的库存数量占比，如图 9-22 所示。

注：由于对占比值设置了小数位数，所以全部商品类别的库存数量占比总和会产生一定的误差，如此处的全部商品类别的库存数量占比总和为 100.01%。

173

	1 2 3	◢	A	B	C	D	E
		1	日期	商品名称	商品类别	库存数量	占比
+	18				纸巾 汇总	380	0.29%
+	671				饮料 汇总	82377	62.19%
+	680				糖果甜食 汇总	184	0.14%
+	741				水 汇总	12720	9.60%
+	818				其他 汇总	2835	2.14%
+	827				膨化食品 汇总	1739	1.31%
+	900				牛奶 汇总	2195	1.66%
+	1053				零食 汇总	3841	2.90%
+	1062				咖啡 汇总	2540	1.92%
+	1275				即食熟肉 汇总	6222	4.70%
+	1368				方便速食 汇总	12327	9.31%
+	1421				蛋糕糕点 汇总	2241	1.69%
+	1530				饼干 汇总	2860	2.16%
−	1531				总计	132461	

库存数据

图 9-22   计算各商品类别的库存数量占比

9.2.2   绘制饼图分析库存的各商品类别的占比

基于图 9-22 所示的数据，绘制关于库存各商品类别占比的饼图，具体操作步骤如下。

（1）选择数据。选中【库存数据】工作表中"商品类别"字段的单元格区域 C1:C1530 和"占比"字段的单元格区域 E1:E1530。

（2）绘制饼图。在【插入】选项卡的【图表】命令组中单击 ⬛ 按钮，打开【插入图表】对话框，然后切换至【所有图表】选项卡，选择【饼图】选项，单击【确定】按钮即可绘制饼图，如图 9-23 所示。

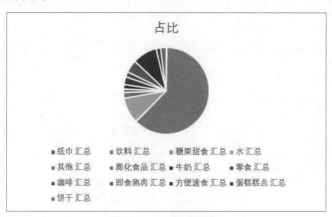

图 9-23   绘制的饼图

（3）修改图表元素。修改图表元素的具体操作步骤如下。

① 单击【占比】文本激活图表标题文本框，更改图表标题为"各商品类别的库存数量"。

② 选中饼图，单击饼图右边的 ➕ 按钮，然后在打开的列表框中勾选【数据标签】复选框，添加数据标签。

③ 将图表标题的字体改为宋体，图表标题、数据标签和图例的字体颜色改为黑色。

④ 将图例移至图表的右上角，数据标签统一往外移出，最终效果如图 9-24 所示。

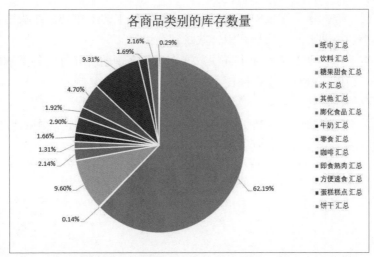

图 9-24 各商品类别的库存数量（因显示精度问题，加和不为 100.00%）

由图 9-24 可知，饮料类商品的库存数量占比最大，占总库存数量的 62.19%；糖果甜食类商品的库存数量占比最少，仅占总库存数量的 0.14%。

小结

本章主要介绍了基于新零售智能销售数据，通过存销比、库存的各商品类别的占比等指标的计算和可视化实现商品库存分析的方法。其中，商品库存分析包括存销比分析、各商品类别的占比分析。

实训

实训 1 分析商品的存销比

1. 训练要点

（1）掌握存销比的计算方法。

（2）掌握关于库存数量、销售数量和存销比的簇状柱形图和折线图的组合图的绘制方法。

2. 需求说明

基于第 7 章实训 3 处理后的【餐饮库存】工作表，某餐饮企业为了解商品库存结构情况，需要根据日期、菜品类别和库存数量创建数据透视表，并筛选出日期为 2018 年 8 月 28 日的库存数量，再根据菜品类别和数量（销售数量）创建数据透视表，然后通过统计出的库存数量和销售数量即可计算存销比，最后绘制出关于库存数量、销售数量和存销比的簇状柱形图和折线图的组合图，并对绘制结果进行分析。

3. 实现思路及步骤

（1）在【餐饮库存】工作表中，以日期和菜品类别为行、库存数量为值创建数据透视表，并筛选出日期为 2018 年 8 月 28 日的库存数量。

（2）在【餐饮数据】工作表中，以菜品类别为行、数量（销售数量）为值创建数据透视表。

（3）在【餐饮数据】工作表中，新建名为【存销比】的工作表，并新建 4 列字段，分别命名为商品类别、期末库存数量、销售数量和存销比。

（4）将【餐饮库存】工作表和【餐饮数据】工作表中所统计好的各类别的菜品类别名称、库存数量、销售数量对应【存销比】的字段名进行内容复制。

（5）计算存销比。

（6）绘制关于库存数量、销售数量和存销比的簇状柱形图和折线图的组合图。

（7）美化图表，最终得到的效果如图 9-25 所示。

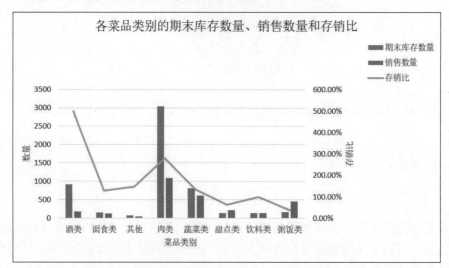

图 9-25　各菜品类别期末库存数量、销售数量和存销比

实训 2　分析库存的菜品类别占比

1. 训练要点

（1）掌握各菜品类别的库存数量占比的计算方法。

（2）掌握绘制关于各菜品类别的库存数量占比饼图的方法。

2. 需求说明

某餐饮企业只有了解了商品库存中各菜品类别的占比，才能为购入的菜品数量提供建议，从而需要对【餐饮库存】工作表中的各菜品类别的占比进行分析。打开【餐饮库存】工作表，先对菜品类别进行降序排序，再通过分类汇总的方式统计各菜品类别的库存数量，各菜品类别的库存数量与总菜品库存数量的比值即为所求的占比，最后绘制关于各菜品类别占比的饼图，并对绘制结果进行分析。

3. 实现思路及步骤

（1）对菜品类别进行降序排序。

（2）以菜品类别为分类字段并以求和的方式对库存数量进行分类汇总。

（3）计算各菜品类别的库存数量占比。

（4）由汇总和计算后的结果，绘制库存各类菜品占比饼图并美化图表。最终得到的效果如图 9-26 所示。

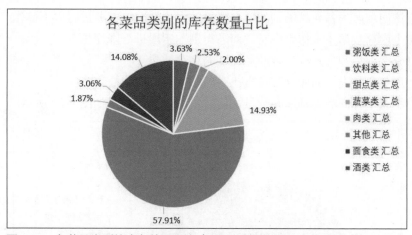

图 9-26 各菜品类别的库存数量占比（因显示精度问题，加和不为 100.00%）

课后习题

基于第 7 章课后习题处理后的【便利店销售业绩】工作簿（该工作簿含有【订单详情数据】和【库存数据】两个工作表），某商家为了查看便利店的库存结构情况，需要对各商品类别的库存数量、销售数量、存销比以及库存数量占比进行计算，并进行可视化展现与分析。

为分析该便利店的库存数量、销售数量和存销比这 3 者所反映出的库存情况，需要进行以下操作。

（1）在【库存数据】工作表中以数据透视表的形式，统计各日期的各商品类别的库存数量，并筛选订单日期为 2017 年 11 月 27 日的各商品类别的库存数量。

（2）在【订单详情数据】工作表中以数据透视表的形式，统计各商品类别的销售数量。

（3）计算存销比。根据统计好的库存数量与销售数量计算存销比。

（4）绘制关于库存数量、销售数量和存销比的簇状柱形图和折线图的组合图。最终效果如图 9-27 所示。

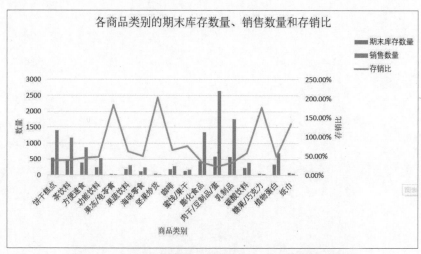

图 9-27 各商品类别期末库存数量、销售数量和存销比

为分析该便利店的各商品类别的库存数量的占比情况，需要进行以下操作。

（1）在【库存数据】工作表中对"商品类别"字段进行降序排序。

（2）以分类汇总的方式统计各商品类别的库存数量。

（3）计算各商品类别的库存数量占比。

（4）绘制关于各商品类别库存数量占比的饼图。最终效果如图 9-28 所示。

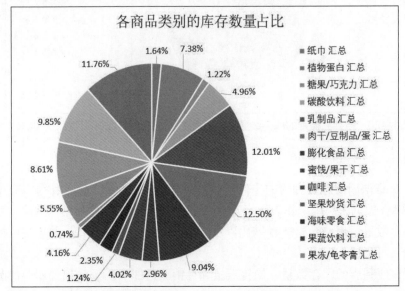

图 9-28　各商品类别的库存数量占比（因显示精度问题，加和不为 100.00%）

第 10 章 分析用户行为

对用户的购买行为进行分析,有助于了解用户的消费特点,为其提供个性化的服务,从而提升用户的忠诚度和商家的利润。本章主要基于【订单数据】工作表计算客单价、复购率和支付方式占比,从而了解新零售智能销售设备用户的消费特点,分析用户购买行为。

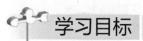

学习目标

（1）了解客单价、复购率、支付方式占比的含义。
（2）掌握客单价、复购率和支付方式占比的计算方法。
（3）掌握 COUNTIF 函数的计数方法。
（4）掌握 SUM 函数的求和方法。
（5）掌握带数据标记的折线图、饼图和圆环图的绘制方法。

任务 10.1 分析客单价

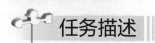

任务描述

为查看新零售智能销售设备的销售情况,分析用户消费水平,需要通过【订单数据】工作表统计每日消费金额和用户数量,进而计算客单价,并绘制带数据标记的折线图,对客单价进行分析。

任务分析

（1）运用数据透视表计算每日消费金额和用户数量。
（2）计算客单价。
（3）绘制带数据标记的客单价折线图。

10.1.1 计算客单价

客单价的本质是在一定时期内每个用户的平均消费金额。超出了"一定时期"这个范围,客单价这个指标就没有任何意义了。若 P_i、A_i、C_i 分别表示第 i 天的客单价、总的销售额和用户数量,则客单价的计算公式如式 10-1 所示。

$$P_i = \frac{A_i}{C_i} \tag{10-1}$$

在【订单数据】工作表中计算客单价,需要先计算每日消费金额与用户数量。

1. 计算每日消费金额和用户数量

在【订单数据】工作表中，运用数据透视表计算每日消费金额和用户数量，具体操作步骤如下。

（1）打开【创建数据透视表】对话框。打开【订单数据】工作表，单击数据区域内任一单元格，然后在【插入】选项卡的【表格】命令组中单击【数据透视表】按钮，打开【创建数据透视表】对话框，如图 10-1 所示。

（2）创建空白数据透视表。单击【确定】按钮，创建一个空白数据透视表，并打开【数据透视表字段】窗格，如图 10-2 所示。

（3）计算每日消费金额和用户数量。将"日期"字段拖曳至【行】区域，"客户 ID""消费金额"字段拖曳至【值】区域，如图 10-3 所示。

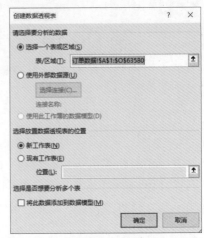

图 10-1　【创建数据透视表】对话框

图 10-2　创建空白数据透视表

图 10-3　计算每日消费金额和用户数量

（4）设置值字段。在图 10-3 所示的【数据透视表字段】窗格的【值】区域中，单击"客户 ID"字段旁的下拉按钮，然后在打开的下拉列表框中选择【值字段设置】，打开【值字段设置】对话框，接着在【值汇总方式】选项卡中选择【计算类型】列表框中的【计数】选项，如图 10-4 所示，最后单击【确定】按钮，计算结果如图 10-5 所示。

2. 计算客单价

根据每日消费金额和用户数量计算客单价，具体操作步骤如下。

（1）创建【客单价】工作表。创建新的工作表并重命名为【客单价】，然后将图 10-5 中的数据复制到【客单价】工作表中，再将字段名依次设置为"日期""用户数量""消费金额"，如图 10-6 所示。

（2）计算客单价。在 D 列添加"客单价"辅助字段，并在单元格 D2 中输入"=C2/B2"，然后按【Enter】键即可计算 2018 年 8 月 1 日的客单价，接着将鼠标指针移到单元格 D2 的右下角，当指针变为黑色且加粗的"+"形状时，双击即可计算其他日期的客单价，如图 10-7 所示。

图 10-4　设置值字段

图 10-5　每日消费金额和用户数量部分数据计算结果

	A	B	C
1	日期	用户数量	消费金额
2	2018/08/01	2082	11349.4
3	2018/08/02	1720	9075.5
4	2018/08/03	1882	9892.7
5	2018/08/04	2230	11593.6
6	2018/08/05	2199	11641
7	2018/08/06	1778	9120.7
8	2018/08/07	1732	9276.6
9	2018/08/08	2228	11545.8
10	2018/08/09	2213	11031.6

图 10-6　创建【客单价】工作表

	A	B	C	D
1	日期	用户数量	消费金额	客单价
2	2018/08/01	2082	11349.4	5.451201
3	2018/08/02	1720	9075.5	5.276453
4	2018/08/03	1882	9892.7	5.256482
5	2018/08/04	2230	11593.6	5.198924
6	2018/08/05	2199	11641	5.29377
7	2018/08/06	1778	9120.7	5.129753
8	2018/08/07	1732	9276.6	5.356005
9	2018/08/08	2228	11545.8	5.182136
10	2018/08/09	2213	11031.6	4.984907

图 10-7　计算客单价

（3）设置单元格格式。选中单元格区域 D2:D32，右键单击所选的内容，在打开的快捷菜单中选择【设置单元格格式】命令，在【设置单元格格式】对话框中选择【分类】列表框中的【数值】选项，并将【小数位数】设置为 2，如图 10-8 所示，单击【确定】按钮，部分结果如图 10-9 所示。

图 10-8　设置单元格格式

	A	B	C	D
1	日期	用户数量	消费金额	客单价
2	2018/08/01	2082	11349.4	5.45
3	2018/08/02	1720	9075.5	5.28
4	2018/08/03	1882	9892.7	5.26
5	2018/08/04	2230	11593.6	5.20
6	2018/08/05	2199	11641	5.29
7	2018/08/06	1778	9120.7	5.13
8	2018/08/07	1732	9276.6	5.36
9	2018/08/08	2228	11545.8	5.18
10	2018/08/09	2213	11031.6	4.98

图 10-9　客单价单元格格式设置部分结果

10.1.2　绘制带数据标记的折线图分析客单价

基于 10.1.1 小节最终得到的数据，绘制折线图分析客单价，具体操作步骤如下。

（1）打开【插入图表】对话框。在【客单价】工作表中选中单元格区域 A2:A32 和 D2:D32，然后在【插入】选项卡的【图表】命令组中单击 🖫 按钮，打开【插入图表】对话框，如图 10-10 所示。

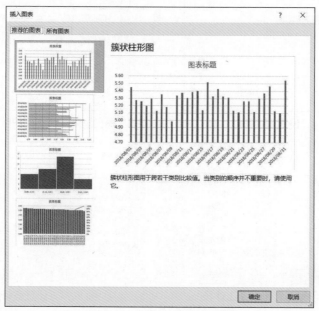

图 10-10　【插入图表】对话框

（2）选择图表类型。切换至【所有图表】选项卡，先选择【折线图】选项，再选择【带数据标记的折线图】选项，如图 10-11 所示。

图 10-11　选择图表类型

（3）绘制折线图。单击【确定】按钮即可绘制带数据标记的折线图，如图 10-12 所示。

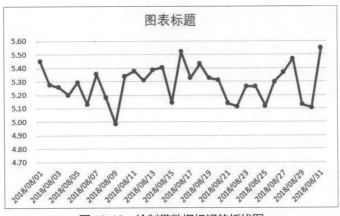

图 10-12　绘制带数据标记的折线图

（4）修改图表元素，具体操作步骤如下。

① 单击【图表标题】文本激活图表标题文本框，更改图表标题为"客单价"。

② 选中折线图，单击折线图右边的 ➕ 按钮，在打开的列表框中勾选【坐标轴标题】复选框，将横坐标轴标题改为"日期"，纵坐标轴标题改为"客单价（元）"。

③ 将图表标题和坐标轴标题的字体改为宋体，图表标题、坐标轴标题及标签的字体颜色改为黑色，最终得到的效果如图 10-13 所示。

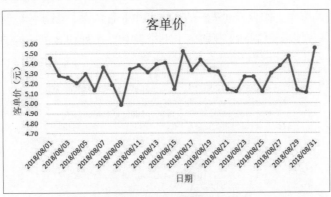

图 10-13　客单价

由图 10-13 可知，本月客单价为 4～6 元，大部分时间的客单价分布在 5.3 元左右，整体偏低，说明用户偏向于购买单价较低的商品。

任务 10.2　分析用户复购率

任务描述

为查看新零售智能销售设备各购买次数区间的用户数量情况，分析用户的忠诚度，需要根据各购买次数区间的用户数和所有区间的总用户数计算用户复购率。其中，需使用 COUNTIF 函数统计各购买次数的用户数，并将购买次数分为 6 个区间，分别为 1～4 次、5～8 次、9～12 次、13～16 次、17～20 次和 20 次以上，统计对应区间的用户数，绘制关于各

Excel 数据分析基础与实战

购买次数区间用户复购率的饼图并对其进行分析。

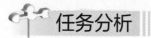 **任务分析**

（1）运用 COUNTIF 函数计算各购买次数的用户数。

（2）运用 SUM 函数计算各购买次数区间的用户数。

（3）计算复购率。

（4）绘制关于复购率的饼图。

10.2.1 计算复购率

复购率是指购买商品两次或两次以上的用户占总用户数的比率，复购率越高，则反映出消费者对品牌的忠诚度就越高，反之越低。若用 FR 表示复购率、R 表示购买商品两次或两次以上的用户数量、G 表示用户总数量，复购率的计算公式如式 10-2 所示。

$$FR = \frac{R}{G}$$
（10-2）

在【订单数据】工作表中计算复购率，首先需要计算各购买次数的用户数，其次计算各购买次数区间的用户数，最后计算所有区间的总用户数，具体操作步骤如下。

1. 计算各购买次数的用户数

在【订单数据】工作表中，运用 COUNTIF 函数计算各购买次数的用户数，具体操作步骤如下。

（1）创建【复购率】工作表。创建新的工作表并重命名为【复购率】，然后将【订单数据】工作表中的 E 列和 F 列数据复制到【复购率】工作表中的 A 列和 B 列，如图 10-14 所示。

	A	B
1	订单ID	客户ID
2	112531qr153352436958213	os-xL0vTwYjnNlHC5LMdQjKr56FQ
3	112531qr153519185923823	os-xL0kZiUlalesaruCyRrAb1bZk
4	112531qr153349847171896	os-xL0uJakffy_ijVDiMB9C8WyvY
5	112531qr153549452562187	os-xL0iR71EGZx1mwCrYkyCct6PY
6	112531qr153488453492980	os-xL0qWYMEXLpS98QXcA4FFBaUE
7	112531qr153442087057524	os-xL0hCd-Y1pMNtmYcshyOTLsGE
8	112531qr153341494002535	os-xL0v7zdNmsvMrvCgvPEv37vT8
9	112531qr153339645953184	os-xL0jcj6zWFcQyboQovGgiZZ_o
10	112531qr153389880068764	os-xL0jM1dcftxYq2TdgYf073L1w

订单数据　复购率　＋

图 10-14　创建【复购率】工作表

（2）对"订单 ID"字段和"客户 ID"字段进行去重处理。单击数据区域内任一单元格，在【数据】选项卡的【数据工具】命令组中单击【删除重复值】按钮，如图 10-15 所示，打开【删除重复值】对话框，如图 10-16 所示，然后单击【确定】按钮即可将重复值删除，并打开所删除的个数的【Microsoft Excel】提示对话框，如图 10-17 所示。

图 10-15　单击【删除重复值】按钮

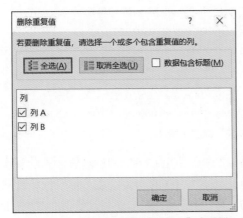

图 10-16 "订单 ID""客户 ID"字段的 　　　图 10-17 "订单 ID""客户 ID"字段的

【删除重复值】对话框 　　　　　　　　【Microsoft Excel】提示对话框

（3）对"客户 ID"字段进行二次去重处理。将"客户 ID"字段复制到 D 列中，如图
10-18 所示，然后单击【删除重复值】按钮，打开【删除重复值】对话框，如图 10-19 所示。
单击【确定】按钮，打开【Microsoft Excel】提示对话框，如图 10-20 所示。

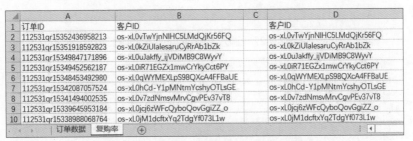

图 10-18 复制"客户 ID"字段至 D 列

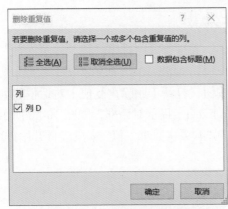

图 10-19 "客户 ID"字段的 　　　　　图 10-20 "客户 ID"字段的

【删除重复值】对话框 　　　　　　　　【Microsoft Excel】提示对话框

（4）添加"购买次数"辅助字段。在 E 列添加"购买次数"辅助字段，如图 10-21
所示。

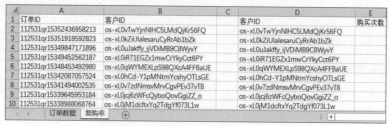

图 10-21 添加"购买次数"辅助字段

（5）计算每个客户 ID 的购买次数。在单元格 E2 中，使用 COUNTIF 函数计算购买次数，如图 10-22 所示，然后按【Enter】键即可计算出该客户 ID 的购买次数。将鼠标指针移到单元格 E2 的右下角，当指针变为黑色且加粗的"+"形状时，双击即可计算其他客户 ID 的购买次数，如图 10-23 所示。

图 10-22 输入 COUNTIF 函数公式

	A	B	C	D	购买次数
1	订单ID	客户ID		客户ID	购买次数
2	112531qr15352436958213	os-xL0vTwYjnNIHC5LMdQjKr56FQ		os-xL0vTwYjnNIHC5LMdQjKr56FQ	3
3	112531qr15351918592823	os-xL0kZiUlalesaruCyRrAb1bZk		os-xL0kZiUlalesaruCyRrAb1bZk	4
4	112531qr15349847171896	os-xL0uJakffy_jjVDiMB9C8WyvY		os-xL0uJakffy_jjVDiMB9C8WyvY	3
5	112531qr15349452562187	os-xL0iR71EGZx1mwCrYkyCct6PY		os-xL0iR71EGZx1mwCrYkyCct6PY	3
6	112531qr15348453492980	os-xL0qWYMEXLpS98QXcA4FFBaUE		os-xL0qWYMEXLpS98QXcA4FFBaUE	3
7	112531qr15342087057524	os-xL0hCd-Y1pMNtmYcshyOTLsGE		os-xL0hCd-Y1pMNtmYcshyOTLsGE	4
8	112531qr15341494002535	os-xL0v7zdNmsvMrvCgvPEv37vT8		os-xL0v7zdNmsvMrvCgvPEv37vT8	3
9	112531qr15339645953184	os-xL0jcj6zWFcQyboQovGgiZZ_o		os-xL0jcj6zWFcQyboQovGgiZZ_o	5
10	112531qr15338988068764	os-xL0jM1dcftxYq2TdgYf073L1w		os-xL0jM1dcftxYq2TdgYf073L1w	5

订单数据　复购率

图 10-23 计算购买次数

（6）对"购买次数唯一值"字段进行去重处理，并进行升序排序。将"购买次数"字段复制至 G 列，并将字段重命名为"购买次数唯一值"，如图 10-24 所示；在【数据】选项卡的【数据工具】命令组中单击【删除重复值】按钮，打开【删除重复值】对话框，如图 10-25 所示；单击【确定】按钮，打开【Microsoft Excel】提示对话框，如图 10-26 所示，即为去重后的"购买次数唯一值"；最后对去重后的"购买次数唯一值"字段进行升序排序，最终得到的效果如图 10-27 所示。

	A	B	C	D	E	F	G
1	订单ID	客户ID		客户ID	购买次数		购买次数唯一值
2	112531qr15352436958213	os-xL0vTwYjnNIHC5LMdQjKr56FQ		os-xL0vTwYjnNIHC5LMdQjKr56FQ	3		3
3	112531qr15351918592823	os-xL0kZiUlalesaruCyRrAb1bZk		os-xL0kZiUlalesaruCyRrAb1bZk	4		4
4	112531qr15349847171896	os-xL0uJakffy_jjVDiMB9C8WyvY		os-xL0uJakffy_jjVDiMB9C8WyvY	3		3
5	112531qr15349452562187	os-xL0iR71EGZx1mwCrYkyCct6PY		os-xL0iR71EGZx1mwCrYkyCct6PY	3		3
6	112531qr15348453492980	os-xL0qWYMEXLpS98QXcA4FFBaUE		os-xL0qWYMEXLpS98QXcA4FFBaUE	3		3
7	112531qr15342087057524	os-xL0hCd-Y1pMNtmYcshyOTLsGE		os-xL0hCd-Y1pMNtmYcshyOTLsGE	4		4
8	112531qr15341494002535	os-xL0v7zdNmsvMrvCgvPEv37vT8		os-xL0v7zdNmsvMrvCgvPEv37vT8	3		3
9	112531qr15339645953184	os-xL0jcj6zWFcQyboQovGgiZZ_o		os-xL0jcj6zWFcQyboQovGgiZZ_o	5		5
10	112531qr15338988068764	os-xL0jM1dcftxYq2TdgYf073L1w		os-xL0jM1dcftxYq2TdgYf073L1w	5		5

订单数据　复购率

图 10-24 复制并重命名为"购买次数唯一值"字段

图 10-25　"购买次数唯一值"字段的
【删除重复值】对话框

图 10-26　"购买次数唯一值"字段的
【Microsoft Excel】提示对话框

图 10-27　"购买次数唯一值"字段去重并排序后的效果

（7）添加"用户数"辅助字段。在 H 列添加"用户数"辅助字段，如图 10-28 所示。

图 10-28　添加"用户数"辅助字段

（8）计算各购买次数的用户数。在单元格 H2 中，使用 COUNTIF 函数计算用户数，如图 10-29 所示，然后按【Enter】键即可计算出该购买次数的用户数量。将鼠标指针移到单元格 H2 的右下角，当指针变为黑色且加粗的"+"形状时，双击即可计算各购买次数的用户数，如图 10-30 所示。

图 10-29　在单元格 H2 中输入 COUNTIF 函数公式

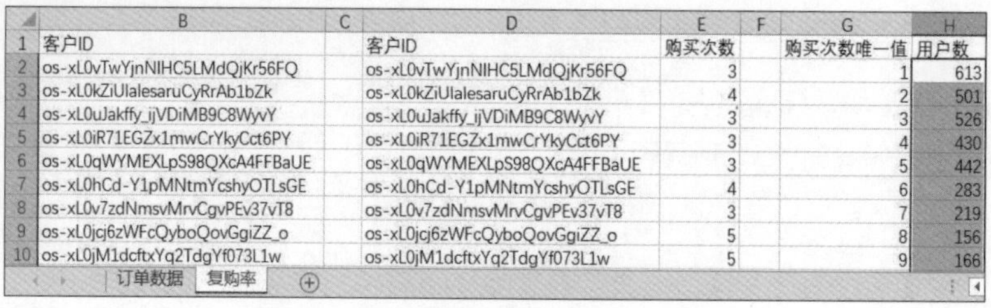

	B	C	D	E	F	G	H
1	客户ID		客户ID	购买次数		购买次数唯一值	用户数
2	os-xL0vTwYjnNIHC5LMdQjKr56FQ		os-xL0vTwYjnNIHC5LMdQjKr56FQ	3		1	613
3	os-xL0kZiUlalesaruCyRrAb1bZk		os-xL0kZiUlalesaruCyRrAb1bZk	4		2	501
4	os-xL0uJakffy_ijVDiMB9C8WyvY		os-xL0uJakffy_ijVDiMB9C8WyvY	3		3	526
5	os-xL0iR71EGZx1mwCrYkyCct6PY		os-xL0iR71EGZx1mwCrYkyCct6PY	3		4	430
6	os-xL0qWYMEXLpS98QXcA4FFBaUE		os-xL0qWYMEXLpS98QXcA4FFBaUE	3		5	442
7	os-xL0hCd-Y1pMNtmYcshyOTLsGE		os-xL0hCd-Y1pMNtmYcshyOTLsGE	4		6	283
8	os-xL0v7zdNmsvMrvCgvPEv37vT8		os-xL0v7zdNmsvMrvCgvPEv37vT8	3		7	219
9	os-xL0jcj6zWFcQyboQovGgiZZ_o		os-xL0jcj6zWFcQyboQovGgiZZ_o	5		8	156
10	os-xL0jM1dcftxYq2TdgYf073L1w		os-xL0jM1dcftxYq2TdgYf073L1w	5		9	166

图 10-30　计算各购买次数的用户数

2. 计算各购买次数区间的用户数

在【复购率】工作表中，运用 SUM 函数计算各购买次数区间的用户数，具体操作步骤如下。

（1）添加“购买次数区间”“总用户数”辅助字段。在 I 列和 J 列中添加“购买次数区间”“总用户数”辅助字段，如图 10-31 所示。

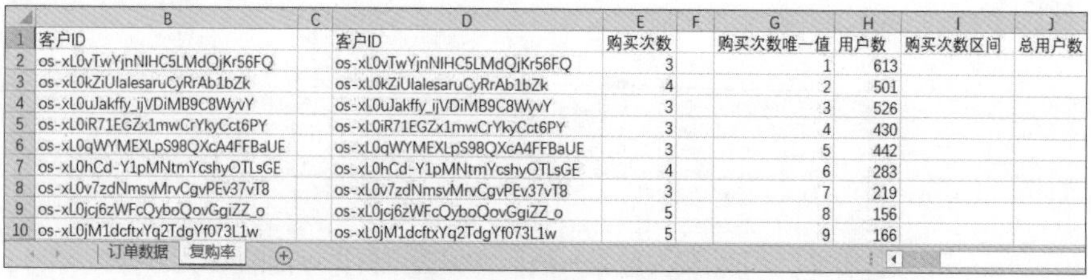

	B	C	D	E	F	G	H	I	J
1	客户ID		客户ID	购买次数		购买次数唯一值	用户数	购买次数区间	总用户数
2	os-xL0vTwYjnNIHC5LMdQjKr56FQ		os-xL0vTwYjnNIHC5LMdQjKr56FQ	3		1	613		
3	os-xL0kZiUlalesaruCyRrAb1bZk		os-xL0kZiUlalesaruCyRrAb1bZk	4		2	501		
4	os-xL0uJakffy_ijVDiMB9C8WyvY		os-xL0uJakffy_ijVDiMB9C8WyvY	3		3	526		
5	os-xL0iR71EGZx1mwCrYkyCct6PY		os-xL0iR71EGZx1mwCrYkyCct6PY	3		4	430		
6	os-xL0qWYMEXLpS98QXcA4FFBaUE		os-xL0qWYMEXLpS98QXcA4FFBaUE	3		5	442		
7	os-xL0hCd-Y1pMNtmYcshyOTLsGE		os-xL0hCd-Y1pMNtmYcshyOTLsGE	4		6	283		
8	os-xL0v7zdNmsvMrvCgvPEv37vT8		os-xL0v7zdNmsvMrvCgvPEv37vT8	3		7	219		
9	os-xL0jcj6zWFcQyboQovGgiZZ_o		os-xL0jcj6zWFcQyboQovGgiZZ_o	5		8	156		
10	os-xL0jM1dcftxYq2TdgYf073L1w		os-xL0jM1dcftxYq2TdgYf073L1w	5		9	166		

图 10-31　添加“购买次数区间”“总用户数”辅助字段

（2）输入“购买次数区间”字段的值。在单元格区域 I2:I7 中依次填入“1～4 次”“5～8 次”“9～12 次”“13～16 次”“17～20 次”“20 次以上”，如图 10-32 所示。

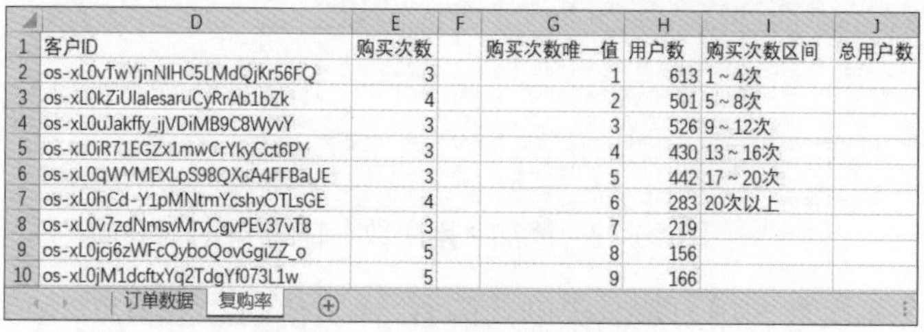

	D	E	F	G	H	I	J
1	客户ID	购买次数		购买次数唯一值	用户数	购买次数区间	总用户数
2	os-xL0vTwYjnNIHC5LMdQjKr56FQ	3		1	613	1～4次	
3	os-xL0kZiUlalesaruCyRrAb1bZk	4		2	501	5～8次	
4	os-xL0uJakffy_ijVDiMB9C8WyvY	3		3	526	9～12次	
5	os-xL0iR71EGZx1mwCrYkyCct6PY	3		4	430	13～16次	
6	os-xL0qWYMEXLpS98QXcA4FFBaUE	3		5	442	17～20次	
7	os-xL0hCd-Y1pMNtmYcshyOTLsGE	4		6	283	20次以上	
8	os-xL0v7zdNmsvMrvCgvPEv37vT8	3		7	219		
9	os-xL0jcj6zWFcQyboQovGgiZZ_o	5		8	156		
10	os-xL0jM1dcftxYq2TdgYf073L1w	5		9	166		

图 10-32　输入购买次数区间

（3）计算各购买次数区间的总用户数等。在单元格区域 J2:J7 中分别使用 SUM 函数统计各区间段的值，SUM 函数公式如图 10-33 所示，计算出各购买次数区间的总用户数，如图 10-34 所示。最后在单元格 J9 中也使用 SUM 函数计算所有区间的总用户数，如图 10-35 所示。

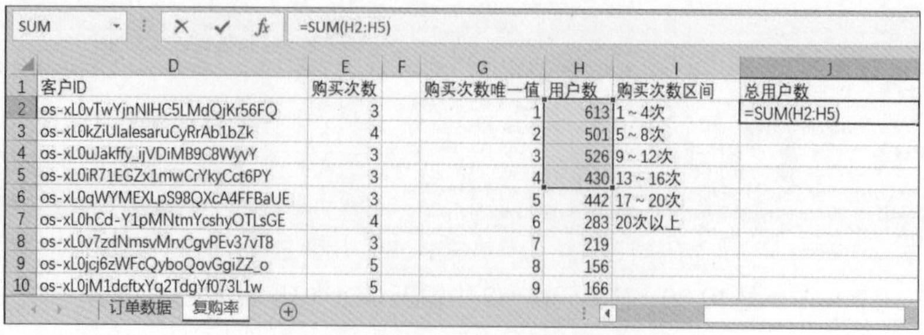

	D	E	F	G	H	I	J
1	客户ID	购买次数		购买次数唯一值	用户数	购买次数区间	总用户数
2	os-xL0vTwYjnNIHC5LMdQjKr56FQ	3		1	613	1～4次	=SUM(H2:H5)
3	os-xL0kZiUlalesaruCyRrAb1bZk	4		2	501	5～8次	
4	os-xL0uJakffy_ijVDiMB9C8WyvY	3		3	526	9～12次	
5	os-xL0iR71EGZx1mwCrYkyCct6PY	3		4	430	13～16次	
6	os-xL0qWYMEXLpS98QXcA4FFBaUE	3		5	442	17～20次	
7	os-xL0hCd-Y1pMNtmYcshyOTLsGE	4		6	283	20次以上	
8	os-xL0v7zdNmsvMrvCgvPEv37vT8	3		7	219		
9	os-xL0jcj6zWFcQyboQovGgiZZ_o	5		8	156		
10	os-xL0jM1dcftxYq2TdgYf073L1w	5		9	166		

图 10-33　输入 SUM 函数公式

	D	E	F	G	H	I	J
1	客户ID	购买次数		购买次数唯一值	用户数	购买次数区间	总用户数
2	os-xL0vTwYjnNIHC5LMdQjKr56FQ	3		1	613	1～4次	2070
3	os-xL0kZiUIalesaruCyRrAb1bZk	4		2	501	5～8次	1100
4	os-xL0uJakffy_ijVDiMB9C8WyvY	3		3	526	9～12次	503
5	os-xL0iR71EGZx1mwCrYkyCct6PY	3		4	430	13～16次	282
6	os-xL0qWYMEXLpS98QXcA4FFBaUE	3		5	442	17～20次	208
7	os-xL0hCd-Y1pMNtmYcshyOTLsGE	4		6	283	20次以上	666
8	os-xL0v7zdNmsvMrvCgvPEv37vT8	3		7	219		
9	os-xL0jcj6zWFcQyboQovGgiZZ_o	5		8	156		
10	os-xL0jM1dcftxYq2TdgYf073L1w	5		9	166		

订单数据　复购率

图 10-34　计算各购买次数区间的总用户数

	D	E	F	G	H	I	J
1	客户ID	购买次数		购买次数唯一值	用户数	购买次数区间	总用户数
2	os-xL0vTwYjnNIHC5LMdQjKr56FQ	3		1	613	1～4次	2070
3	os-xL0kZiUIalesaruCyRrAb1bZk	4		2	501	5～8次	1100
4	os-xL0uJakffy_ijVDiMB9C8WyvY	3		3	526	9～12次	503
5	os-xL0iR71EGZx1mwCrYkyCct6PY	3		4	430	13～16次	282
6	os-xL0qWYMEXLpS98QXcA4FFBaUE	3		5	442	17～20次	208
7	os-xL0hCd-Y1pMNtmYcshyOTLsGE	4		6	283	20次以上	666
8	os-xL0v7zdNmsvMrvCgvPEv37vT8	3		7	219		
9	os-xL0jcj6zWFcQyboQovGgiZZ_o	5		8	156		4829
10	os-xL0jM1dcftxYq2TdgYf073L1w	5		9	166		

订单数据　复购率

图 10-35　计算所有区间的总用户数

3. 计算复购率

根据各购买次数区间的总用户数和所有区间的总用户数计算复购率，具体操作步骤如下。

（1）添加“复购率”辅助字段。在 K 列添加“复购率”辅助字段，如图 10-36 所示。

	D	E	F	G	H	I	J	K
1	客户ID	购买次数		购买次数唯一值	用户数	购买次数区间	总用户数	复购率
2	os-xL0vTwYjnNIHC5LMdQjKr56FQ	3		1	613	1～4次	2070	
3	os-xL0kZiUIalesaruCyRrAb1bZk	4		2	501	5～8次	1100	
4	os-xL0uJakffy_ijVDiMB9C8WyvY	3		3	526	9～12次	503	
5	os-xL0iR71EGZx1mwCrYkyCct6PY	3		4	430	13～16次	282	
6	os-xL0qWYMEXLpS98QXcA4FFBaUE	3		5	442	17～20次	208	
7	os-xL0hCd-Y1pMNtmYcshyOTLsGE	4		6	283	20次以上	666	
8	os-xL0v7zdNmsvMrvCgvPEv37vT8	3		7	219			
9	os-xL0jcj6zWFcQyboQovGgiZZ_o	5		8	156		4829	
10	os-xL0jM1dcftxYq2TdgYf073L1w	5		9	166			

订单数据　复购率

图 10-36　添加“复购率”辅助字段

（2）计算各购买次数区间的复购率。在单元格 K2 中输入“=J2/$J$9”，然后按【Enter】键即可计算 1～4 次购买次数区间的复购率，再将鼠标指针移到单元格 K2 的右下角，当指针变为黑色且加粗的“+”形状时，双击即可计算其他区间的复购率，如图 10-37 所示。

	D	E	F	G	H	I	J	K
1	客户ID	购买次数		购买次数唯一值	用户数	购买次数区间	总用户数	复购率
2	os-xL0vTwYjnNIHC5LMdQjKr56FQ	3		1	613	1～4次	2070	0.42866
3	os-xL0kZiUIalesaruCyRrAb1bZk	4		2	501	5～8次	1100	0.22779
4	os-xL0uJakffy_ijVDiMB9C8WyvY	3		3	526	9～12次	503	0.104162
5	os-xL0iR71EGZx1mwCrYkyCct6PY	3		4	430	13～16次	282	0.058397
6	os-xL0qWYMEXLpS98QXcA4FFBaUE	3		5	442	17～20次	208	0.043073
7	os-xL0hCd-Y1pMNtmYcshyOTLsGE	4		6	283	20次以上	666	0.137917
8	os-xL0v7zdNmsvMrvCgvPEv37vT8	3		7	219			
9	os-xL0jcj6zWFcQyboQovGgiZZ_o	5		8	156		4829	
10	os-xL0jM1dcftxYq2TdgYf073L1w	5		9	166			

订单数据　复购率

图 10-37　计算各购买次数区间的复购率

（3）设置单元格格式。选择单元格区域 K2:K7，右键单击所选的内容，然后在打开的快捷菜单中选择【设置单元格格式】命令，在【设置单元格格式】对话框中选择【分类】

列表框中的【百分比】选项，并将【小数位数】设置为 2，如图 10-38 所示，单击【确定】按钮即可设置成功，效果如图 10-39 所示。

图 10-38　设置百分比格式

图 10-39　复购率的最终效果

注：由于设置了小数位数，所以复购率的占比总和会产生一定的误差，如此处的复购率的占比总和为 99.99%。

10.2.2　绘制饼图分析用户复购率

基于图 10-39 所示的数据，绘制饼图分析复购率，具体操作步骤如下。

（1）选中图 10-39 中"购买次数区间"字段的单元格区域 I2:I7 和"复购率"字段的单元格区域 K2:K7。

（2）绘制饼图。在【插入】选项卡的【图表】命令组中单击 按钮，打开【插入图表】对话框，切换至【所有图表】选项卡，选择【饼图】选项，单击【确定】按钮即可绘制饼图，如图 10-40 所示。

（3）修改图表元素，具体操作步骤如下。

① 单击【图表标题】文本激活图表标题文本框，更改图表标题为"用户复购率"。

② 选中饼图，单击饼图右边的 按钮，在打开的列表框中勾选【数据标签】复选框即可添加数据标签，并将数据标签外移。

③ 将图表标题的字体改为宋体，图表标题、图例、数据标签的字体颜色改为黑色。

④ 将图例移至图表的右上角，最终得到的效果如图 10-41 所示。

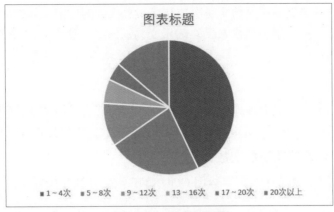

图 10-40　绘制的饼图

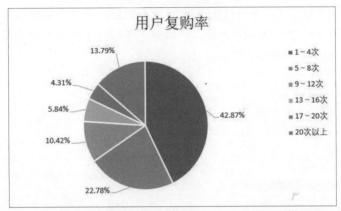

图 10-41　8 月用户复购率（因显示精度问题，加和不为 100.00%）

由图 10-41 可知，8 月复购次数为 1～4 次的复购率占比最大，占总用户复购率的 42.87%，说明用户的流动性较强，这也与实际情况相符合。

任务 10.3　分析用户支付偏好

任务描述

为查看新零售智能销售设备用户的支付方式，了解用户的支付方式偏好，需要运用 COUNTIF 函数和 SUM 函数计算各支付方式的交易次数和交易总次数，进而计算各支付方式的占比，并绘制圆环图对其进行分析。

任务分析

（1）运用 COUNTIF 函数计算各支付方式的交易次数。
（2）运用 SUM 函数计算交易总次数。
（3）绘制关于支付方式占比的圆环图。

10.3.1　计算支付方式的占比

新零售智能销售设备的支付方式有 3 种：微信支付、支付宝支付和现金支付。支付方式的占比是指使用各类支付方式的交易次数与交易总次数的比值。如果用 PR 表示使用某种支付方式的占比、F 表示交易次数，T 表示交易总次数，那么支付方式占比的具体计算公式如式 10-3 所示。

$$PR = \frac{F}{T} \tag{10-3}$$

在【订单数据】工作表中计算各支付方式的占比，需要运用 COUNTIF 函数计算使用各支付方式的交易次数和运用 SUM 函数计算交易总次数，具体操作步骤如下。

1. 计算各支付方式的交易次数

在【订单数据】工作表中，需要运用 COUNTIF 函数计算使用各支付方式的交易次数，具体操作步骤如下。

（1）对"订单 ID"字段进行去重处理。单击数据区域内任一单元格，再在【数据】选项卡的【数据工具】命令组中单击【删除重复值】按钮，打开【删除重复值】对话框，勾选"订单 ID"复选框，如图 10-42 所示，然后单击【确定】按钮即可将重复值删除，并打开【Microsoft Excel】提示对话框，如图 10-43 所示。

图 10-42　【删除重复值】对话框　　　　图 10-43　【Microsoft Excel】提示对话框

（2）添加"支付方式""交易次数""交易总次数""占比"辅助字段。在 Q 列、R 列、S 列和 T 列分别添加"支付方式""交易次数""交易总次数""占比"4 个辅助字段，并将"微信""现金""支付宝" 3 种支付方式填入工作表中，如图 10-44 所示。

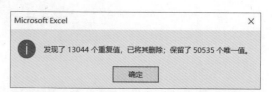

图 10-44　添加"支付方式""交易次数""交易总次数""占比"辅助字段

（3）计算各支付方式的交易次数。在单元格 R2 中输入"=COUNTIF($G$2:$G$50536, Q2)"，如图 10-45 所示，然后按【Enter】键即可计算使用微信支付的交易次数，再将鼠标指针移到单元格 R2 的右下角，当指针变为黑色且加粗的"+"形状时，双击即可计算其他支付方式的交易次数，如图 10-46 所示。

SUM　=COUNTIF($G$2:$G$50536, Q2)

	G	H	I	J	K	L	M	N	O	P	Q	R	S	T
1	支付方式	消费金额	商品类别	商品名称	购买数量.个	销售单价	成本价	出货状态	区域		支付方式	交易次数	交易总次数	占比
2	微信	5	膨化食品	可比克薯片	1	5	4.7	出货成功	珠海市		微信	=COUNTIF($G$2:$G$50536, Q2)		
3	微信	3	水	孖髻山矿泉水	1	3	2.4	出货成功	珠海市		现金			
4	微信	3	水	孖髻山矿泉水	1	3	2.4	出货成功	珠海市		支付宝			
5	微信	6	其他	凉粉	2	3	1.8	出货成功	珠海市					
6	微信	8	饮料	王老吉	2	4	2.8	出货成功	珠海市					
7	支付宝	3	其他	凉粉	1	3	1.8	出货成功	珠海市					
8	微信	3	水	孖髻山矿泉水	1	3	2.4	出货成功	珠海市					
9	微信	3	水	孖髻山矿泉水	1	3	2.4	出货成功	珠海市					
10	微信	2.8	饮料	柠檬茶	1	2.8	1.9	出货成功	珠海市					

订单数据

图 10-45　输入“=COUNTIF($G$2:$G$50536,Q2)”

	G	H	I	J	K	L	M	N	O	P	Q	R	S	T
1	支付方式	消费金额	商品类别	商品名称	购买数量.个	销售单价	成本价	出货状态	区域		支付方式	交易次数	交易总次数	占比
2	微信	5	膨化食品	可比克薯片	1	5	4.7	出货成功	珠海市		微信	44800		
3	微信	3	水	孖髻山矿泉水	1	3	2.4	出货成功	珠海市		现金	259		
4	微信	3	水	孖髻山矿泉水	1	3	2.4	出货成功	珠海市		支付宝	5476		
5	微信	6	其他	凉粉	2	3	1.8	出货成功	珠海市					
6	微信	8	饮料	王老吉	2	4	2.8	出货成功	珠海市					
7	支付宝	3	其他	凉粉	1	3	1.8	出货成功	珠海市					
8	微信	3	水	孖髻山矿泉水	1	3	2.4	出货成功	珠海市					
9	微信	3	水	孖髻山矿泉水	1	3	2.4	出货成功	珠海市					
10	微信	2.8	饮料	柠檬茶	1	2.8	1.9	出货成功	珠海市					

订单数据

图 10-46　各支付方式的交易次数

2. 计算交易总次数

在【订单数据】工作表中，需要运用 SUM 函数计算交易总次数，具体操作步骤如下。

在单元格 S2 中输入“=SUM($R$2:$R$4)”，然后按【Enter】键即可计算微信支付的交易总次数，再将鼠标指针移到单元格 S2 的右下角，当指针变为黑色且加粗的“+”形状时，双击即可计算其他支付方式的交易总次数，结果如图 10-47 所示。

	G	H	I	J	K	L	M	N	O	P	Q	R	S	T
1	支付方式	消费金额	商品类别	商品名称	购买数量.个	销售单价	成本价	出货状态	区域		支付方式	交易次数	交易总次数	占比
2	微信	5	膨化食品	可比克薯片	1	5	4.7	出货成功	珠海市		微信	44800	50535	
3	微信	3	水	孖髻山矿泉水	1	3	2.4	出货成功	珠海市		现金	259	50535	
4	微信	3	水	孖髻山矿泉水	1	3	2.4	出货成功	珠海市		支付宝	5476	50535	
5	微信	6	其他	凉粉	2	3	1.8	出货成功	珠海市					
6	微信	8	饮料	王老吉	2	4	2.8	出货成功	珠海市					
7	支付宝	3	其他	凉粉	1	3	1.8	出货成功	珠海市					
8	微信	3	水	孖髻山矿泉水	1	3	2.4	出货成功	珠海市					
9	微信	3	水	孖髻山矿泉水	1	3	2.4	出货成功	珠海市					
10	微信	2.8	饮料	柠檬茶	1	2.8	1.9	出货成功	珠海市					

订单数据

图 10-47　计算出的交易总次数

3. 计算各支付方式的占比

根据各支付方式的交易次数和交易总次数计算各支付方式的占比，具体操作步骤如下。

（1）设置单元格格式。选中【订单数据】工作表中的单元格区域 T2:T4，再右键单击所选的内容，在打开的快捷菜单中选择【设置单元格格式】命令，然后在打开的【设置单元格格式】对话框中选择【分类】列表框中的【百分比】选项，并将【小数位数】设置为 2，如图 10-48 所示，单击【确定】按钮。

（2）计算各支付方式的占比。在单元格 T2 中输入“=R2/S2”，再按【Enter】键即可计算使用微信支付的占比。然后，将鼠标指针移到单元格 T2 的右下角，当指针变为黑色且加粗的“+”形状时，双击即可计算使用其他支付方式的占比，如图 10-49 所示。

图 10-48　设置单元格格式

图 10-49　计算出的各支付方式的占比

10.3.2　绘制圆环图进行用户支付偏好分析

基于 10.3.1 小节最终得到的数据绘制圆环图进行用户支付偏好分析,具体操作步骤如下。

(1)绘制圆环图。在【订单数据】工作表中选中单元格区域 Q2:Q4 和 T2:T4,再在【插入】选项卡的【图表】命令组中单击 按钮,打开【插入图表】对话框,然后切换至【所有图表】选项卡,在左边选择【饼图】选项,在右边选择【圆环图】选项,单击【确定】按钮,绘制的圆环图如图 10-50 所示。

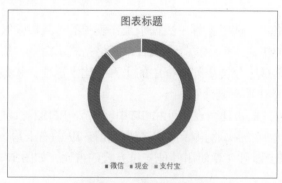

图 10-50　绘制的圆环图

（2）修改图表元素，具体操作步骤如下。

① 单击【图表标题】文本激活图表标题文本框，更改图表标题为"用户支付方式"。

② 选中圆环图，单击圆环图右边的 + 按钮，然后在打开的列表框中勾选【数据标签】复选框即可添加数据标签，并将数据标签外移。

③ 将图表标题的字体改为宋体，图表标题、图例、数据标签的字体颜色改为黑色。

④ 将图例移至图表的右上角，最终得到的效果如图 10-51 所示。

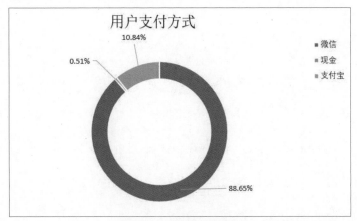

图 10-51　用户支付方式

由图 10-51 可知，使用微信支付的用户占总用户的 88.65%，使用支付宝支付的用户占总用户的 10.84%，使用现金支付的用户仅占总用户的 0.51%。这说明用户更偏向于使用微信进行支付。

小结

本章基于新零售智能销售数据，主要介绍了客单价、复购率、支付方式占比等指标的计算和可视化实现用户行为分析的方法。其中，用户行为分析包括客单价分析、用户复购率分析和用户支付偏好分析。

实训

实训 1　分析客单价

1. 训练要点

（1）掌握客单价的计算方法。

（2）掌握带数据标记的客单价折线图的绘制方法。

2. 需求说明

某商场经理为了解该商场售货机的销售情况，以及对销售情况进行分析，需要根据【本周销售数据】工作表，使用数据透视表统计用户数量和消费金额，计算客单价，并绘制带数据标记的折线图对客单价进行分析。

3. 实现思路及步骤

（1）在【本周销售数据】工作表中，使用数据透视表统计每日用户数量和消费金额。

（2）计算客单价。

（3）绘制带数据标记的客单价折线图。

（4）美化图表，最终得到的效果如图 10-52 所示。

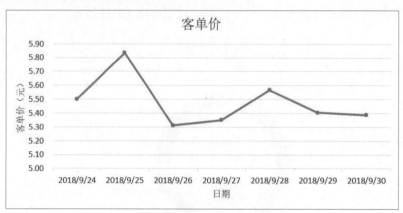

图 10-52   客单价

实训 2   分析顾客的流失率

1. 训练要点

（1）掌握流失率的计算方法。

（2）掌握关于顾客数量与流失率的柱形图和折线图的组合图的绘制方法。

2. 需求说明

顾客流失率又称客户流失率或用户流失率，是指顾客的流失数量与全部消费产品或服务顾客的数量的比例。它是顾客流失的定量表述，也是判断顾客流失的主要指标，可直接反映企业经营与管理的现状。顾客流失率有绝对顾客流失率和相对顾客流失率之分，因而顾客流失率有两种计算方法，如式 10-4 和式 10-5 所示。

$$绝对顾客流失率 = \frac{流失的顾客数量}{全部顾客数量} \times 100\% \qquad (10\text{-}4)$$

$$相对顾客流失率 = \left[\left(\frac{流失的顾客数量}{全部顾客数量} \right) \times 流失顾客的相对购买额 \right] \times 100\% \qquad (10\text{-}5)$$

某超市经理为了解本超市的绝对顾客流失率，以及对顾客的流失量及走势所产生的原因进行分析，需要根据【本周销售数据】工作表，使用数据透视表统计每日顾客数量和流失数量，计算顾客流失率，并绘制关于日期、顾客数量与流失率的簇状柱形图和折线图的组合图对其进行分析。

3. 实现思路及步骤

（1）计算每日顾客数量。在【本周销售数据】工作表中，使用数据透视表统计每日顾客数量。

（2）计算流失的顾客数量。流失顾客数量＝前一天的顾客数量–后一天的顾客数量。

（3）计算绝对流失率。

（4）绘制关于日期、顾客数量和流失率的【簇状柱形图–次坐标轴上的折线图】的组合图。

（5）美化图表，最终得到的效果如图 10-53 所示。

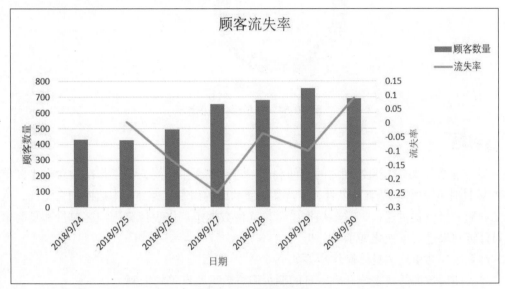

图 10-53 顾客流失率

实训3 分析顾客的会员星级

1. 训练要点

（1）掌握各星级会员占比的计算方法。

（2）掌握关于星级会员占比的圆环图的绘制方法。

2. 需求说明

某餐饮店负责人想要了解本店中会员的各星级等级占比情况，需要根据【餐饮数据】工作表，使用数据透视表统计各星级会员的数量和总星级会员数量，计算各星级会员占比，并绘制圆环图对其进行展示与分析。

3. 实现思路及步骤

（1）在【餐饮数据】工作表中，使用数据透视表统计各星级会员的数量。

（2）使用 SUM 函数计算全部星级会员的数量。

（3）计算各星级会员占比。占比＝各星级的会员的数量÷总星级会员数量。

（4）绘制关于星级会员占比的圆环图。

（5）美化图表，最终得出的效果如图 10-54 所示。

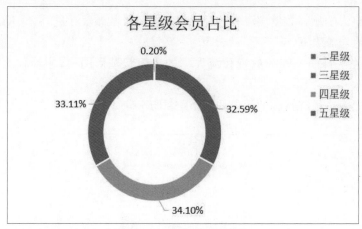

图 10-54　各星级会员占比

课后习题

　　基于第 7 章课后习题处理后的【便利店销售业绩】工作簿，该工作簿中含有【订单详情数据】【库存数据】两个工作表。经营某家便利店的商家，为分析本店的销售情况，从而为便利店的经营提供建议，需要根据【订单详情数据】工作表计算用户客单价和复购率，并对计算结果进行可视化展示与分析。

　　计算用户客单价，具体操作步骤如下。

　　（1）使用数据透视表统计每一日的购买用户数量及订单的金额。

　　（2）计算客单价。

　　（3）绘制带数据标记的客单价折线图。

　　（4）美化图表，最终得出的效果如图 10-55 所示。

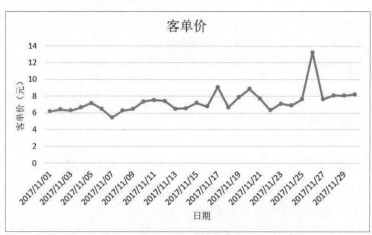

图 10-55　用户客单价

　　计算用户复购率，具体操作步骤如下。

　　（1）对"购买用户"字段进行去重处理，并将去重结果存放至新建的并命名为"购买用户唯一值"的字段中。

　　（2）根据"购买用户""购买用户唯一值"字段，使用 COUNTIF 函数计算各购买用户的购买次数，并将计算结果存放至新建的并命名为"购买次数"的字段中。

（3）对"购买次数"字段进行去重处理和升序排序，并将结果存放至新建的并命名为"购买次数唯一值"的字段中。

（4）根据"购买次数""购买次数唯一值"字段，使用 COUNTIF 函数计算各购买次数的用户数量，并将计算结果存放至新建的并命名为"用户数"的字段中。

（5）新建字段并命名为"购买次数区间"，在字段中依次输入"1～4 次""5～8 次""9～12 次""13～16 次""17～20 次""20 次以上"。

（6）根据"用户数""购买次数区间"字段，使用 SUM 函数计算各购买次数区间的用户数量，并将计算结果存放至新建的字段并命名为"总用户数"。

（7）在"总用户数"字段中使用 SUM 函数计算出所有购买次数区间的总用户数。

（8）计算复购率。

（9）绘制关于用户复购率的饼图。

（10）美化图表，最终得出的效果如图 10-56 所示。

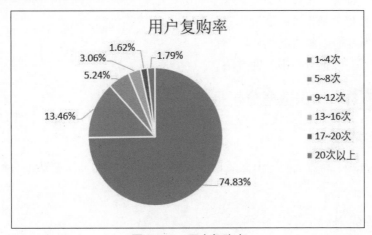

图 10-56　用户复购率

第 11 章　撰写新零售智能销售数据分析报告

数据分析报告的主要作用是为决策者制定决策，为解决问题提供参考和依据。数据分析报告的正文主要由背景与目的、分析思路、分析过程、结论与建议 4 部分组成。本章介绍数据分析报告的类型、原则和结构，以及新零售智能销售数据分析报告的撰写方法。

学习目标

（1）了解数据分析报告的类型。

（2）了解数据分析报告的原则。

（3）了解数据分析报告的结构。

（4）掌握撰写数据分析报告的方法。

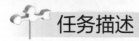　　认识数据分析报告

任务描述

为了更加准确、高效地撰写出高质量的数据分析报告，需要了解数据分析报告的类型、原则和结构。

任务分析

（1）了解数据分析报告的类型。

（2）了解数据分析报告的原则。

（3）了解数据分析报告的结构。

11.1.1　了解数据分析报告的类型

数据分析报告因对象、内容、时间和方法等的不同而存在不同的类型，常见的数据分析报告有专题分析报告、综合分析报告和日常数据通报 3 种类型。

1. 专题分析报告

专题分析报告是对社会经济现象的某一方面或某一个问题进行专门研究的一种数据分析报告，它的主要作用是为决策者制定决策、解决问题提供决策参考和依据。专题分析报告主要有以下两个特点。

（1）单一性。专题分析报告不要求反映事物全貌，因为它主要针对某一方面或者某一问题进行分析，如用户流失分析、提升用户转化率分析等。

（2）深入性。由于专题分析报告内容单一、重点突出，因此要集中精力解决主要的问

题，包括对问题的具体描述、原因分析和提出可行的解决方案。

2．综合分析报告

综合分析报告是全面评价一个地区、单位、部门业务或其他方面发展情况的一种数据分析报告，如世界人口发展报告、某企业运营分析报告等。综合分析报告主要有以下两个特点。

（1）全面性。综合分析报告反映的对象，以地区、部门或单位为分析主体，站在全局高度反映总体特征，做出总体评价。如在分析一个公司的整体运营时，可以从产品、价格、渠道和促销这 4 个角度进行分析。

（2）联系性。综合分析报告要对互相关联的现象与问题进行综合分析，在系统地分析指标体系的基础上，考察现象之间的内部联系和外部联系。这种联系的重点是比例和平衡关系，分析比例是否合理、发展是否协调。

3．日常数据通报

日常数据通报是分析定期数据，反映计划的执行情况，并分析其影响因素的一种报告。它一般是按日、周、月、季度等时间阶段定期进行的，因此也叫定期分析报告。日常数据通报主要有以下 3 个特点。

（1）进度性。由于日常数据通报主要反映计划的执行情况，因此必须把计划执行情况和时间进展结合起来进行分析，比较两者是否一致，从而判断计划完成的情况。

（2）规范性。日常数据通报是定时向决策者提供的例行报告，所以它形成了比较规范的结构形式，一般包括反映计划执行的基本情况，总结计划执行中获取的成绩和经验、存在的问题，提出措施与建议 4 个部分。

（3）时效性。日常数据通报的性质和任务决定了它是时效性最强的一种数据分析报告。只有及时报告业务发展过程中的各种信息，才能帮助决策者掌握最新动态，否则可能会延误工作。

11.1.2　了解数据分析报告的原则

（1）规范性原则。数据分析报告中所使用的名词术语一定要规范、标准要统一、前后要一致。

（2）重要性原则。数据分析报告一定要体现项目分析的重点。在项目各项数据分析中，应该重点选取具有真实性、合法性的指标构建相关模型，科学、专业地进行分析，并且在分析结果中对同一类问题的描述，也要按照问题的重要性进行排序。

（3）谨慎性原则。数据分析报告的编制过程一定要谨慎，主要体现在基础数据要真实、完整，分析过程要科学、合理、全面，分析结果要可靠，建议内容要实事求是。

（4）鼓励创新原则。社会是不断发展进步的，所以不断有创新的方法或模型从实践中摸索并总结出来，因此数据分析报告要将这些创新的思维与方法记录并运用。

11.1.3　了解数据分析报告的结构

虽然数据分析报告有一定的结构，但是这种结构会根据企业业务、需求的变化而产生一定的变化。数据分析报告的结构一般由以下 5 个部分组成，其中，背景与目的、分析思路、分析过程、结论与建议构成了数据分析报告的正文。

1. 标题

标题需高度概括该分析报告的主旨，其要求精简、干练，点明该分析报告的主题或者观点。好的标题不仅可以点明数据分析报告的主题，而且还能够引起读者的阅读兴趣。几种常用的标题类型如下。

（1）解释基本观点。这类标题往往用观点句来表示，点明数据分析报告的基本观点，如《直播业务是公司发展的重要支柱》。

（2）概括主要内容。这类标题用数据说话，让读者抓住中心，如《我公司销售额比去年增长 35%》。

（3）交代分析主题。这类标题反映了分析的对象、范围、时间和内容等情况，并不点明分析人员的看法和主张，如《拓展公司业务的渠道》。

（4）提出疑问。这类标题以设问的方式提出报告所要分析的问题，可以引起读者的注意和思考，如《500 万元的利润是如何获得的》。

2. 背景与目的

阐述背景主要是为了让报告阅读者对整体的分析研究有所了解，主要阐述此项分析是在什么环境、什么条件下进行的，如行业发展现状等。阐述目的主要是让读者知道这次分析的主要原因、分析能带来何种效果、可以解决什么问题（即分析的意义所在）。数据分析报告的目的可以描述为以下 3 个方面。

（1）进行总体分析。从项目需求出发，对项目的财务、业务数据进行总量分析，把握全局，形成对被分析项目的财务、业务状况的总体印象。

（2）确定项目重点，合理配置项目资源。在对被分析项目的总体掌握的基础上，根据被分析项目特点，通过具体的趋势分析、对比分析等手段，合理确定分析的重点，协助分析人员做出正确的项目分析决策，调整人力、物力等资源，达到最佳状态。

（3）总结经验。选取指标，针对不同的事项进行分析，从而指导以后项目实践中的数据分析。

3. 分析思路

分析思路即用数据分析方法论指导分析如何进行，是分析的理论基础。统计学的理论及各个专业领域的相关理论都可以为数据分析提供思路。分析思路用于指导分析人员确定需要分析的内容或者指标，只有在相关的理论指导下才能确保数据分析维度的完整性，保证分析结果的有效性和正确性。数据分析报告一般不需要详细阐述这些理论，只需简要说明让读者有所了解即可。

4. 分析过程

分析过程是报告中最长的主体部分，包含所有数据分析的事实和观点，各个部分具有较强的逻辑关系，通常结合数据、图表和相关文字进行分析。此部分需注意以下 4 个问题。

（1）结构合理，逻辑清晰。分析过程应遵循分析思路的指导进行，合理安排行文结构，保证各部分具有清晰的逻辑关系。

（2）客观、准确。首先数据必须真实有效、实事求是地反映真相，其次在表达上必须客观、准确、规范，切忌主观随意。

（3）篇幅适宜，简洁高效。数据分析报告的质量取决于是否利于帮助决策者做出决策、是否利于解决问题，其篇幅不宜过长，要尽可能简洁、高效地传递信息。

（4）结合业务，专业分析。分析过程应结合相关业务或专业理论，而非简单地进行没有实际意义的"看图说话"。

5. 结论与建议

报告的结尾是对整个报告的综合与总结，是得出结论、提出建议、解决问题的关键。好的结尾可以帮助读者加深认识、明确主旨，引发思考。

结论是以数据分析结果为依据得出的，是结合企业业务，经过综合分析、逻辑推理形成的总体论点。结论应与分析过程的内容保持统一，与背景和目的相呼应。

建议是根据结论对企业存在的问题或者业务问题提出的解决方法，建议主要关注在保持优势和改进劣势，以及改善和解决问题等方面。

任务 11.2　撰写分析报告

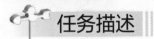 **任务描述**

为了更好地为营销决策者提供参考和指导，提高营销效率和盈利水平，需要撰写新零售智能销售数据分析报告。

任务分析

（1）分析背景与目的。

（2）分析思路。

（3）分析商品销售情况。

（4）分析库存。

（5）分析用户行为。

11.2.1　背景与目的分析

从2016年某零售企业成立以来，经过两年多的发展，其新零售智能销售设备的发展规模不断扩大，销售业绩也在零售行业中领先。但随着新零售智能销售设备规模的扩大，业务量不断增加，企业面临着行业竞争加剧、销售业绩增长变缓的挑战。通过对新零售智能销售设备2018年8月的订单数据和库存数据进行分析，能够帮助企业掌握本月商品的消费情况、库存情况，以及用户的消费偏好和特征，为营销策略提供参考和指导，从而提高营销效率和盈利水平。

11.2.2　分析思路

本报告基于2018年8月1日至2018年8月31日的订单数据和库存数据，计算销售额、毛利率、销售量、存销比、客单价和复购率等指标，并通过这些指标的可视化展现分析商品销售情况、库存和用户行为。

11.2.3 商品销售情况分析

由图 11-1 可知，商品销售额环比具有一定的波动性，在 2018 年 8 月 11 日、14 日、25 日的销售额环比相对较大；商品销售额在 2018 年 8 月 4 日、5 日、11 日、12 日、18 日、19 日、25 日、26 日相对较高，即周末的销售额相对较高。出现这样的情况的原因可能是新零售智能销售设备主要投放在企事业单位、商场、医院和旅游景点等场所，而这些场所周末的人流量相对较大。

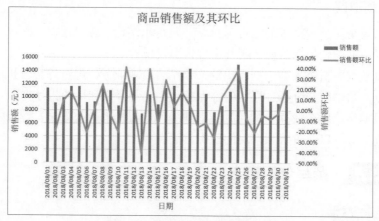

图 11-1 商品销售金额和环比值

由图 11-2 可知，本月商品的毛利率有所波动，总体呈现出一定的上升趋势，但上升缓慢，说明企业有一定的盈利能力，但还需要进一步提升。结合图 11-1 可知，在 2018 年 8 月 3 日商品的毛利率达到最大值时，销售额相对于周末的销售额较低，其可能是商品成本金额较低所导致的；在 2018 年 8 月 16 日毛利率达到最小值时，销售额处于中等水平，成本金额也为中间值，其原因可能是销售额与成本金额的差值（经营利润）较小。

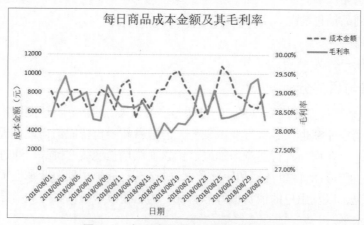

图 11-2 每日商品成本金额及其毛利率

由图 11-3 可知，本月最受欢迎的是饮料类商品，水、方便速食、即食熟肉、零食和饼干类商品销售情况良好，而糖果甜食、纸巾和膨化食品类等商品销售量并不乐观，出现这种情况的原因可能是广东省处于炎热地带，并且 8 月正好处于夏季。

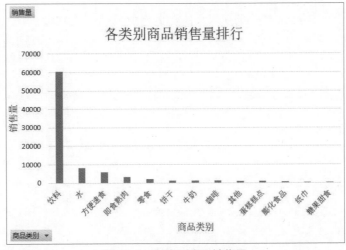

图 11-3　各类别商品销售量

　　由图 11-4 可知，本月各区域的销售额存在一定的差异。其中，广州市的销售额最高，其次是深圳市、东莞市和佛山市；而珠海市、中山市和韶关市的销售额则相对较低，且它们的销售额相差不大。出现这种情况的原因可能是不同区域的人流量不同，广州市相对于其他区域的人流量相对较大，珠海市、中山市和韶关市相对于其他区域的人流量相对较小。

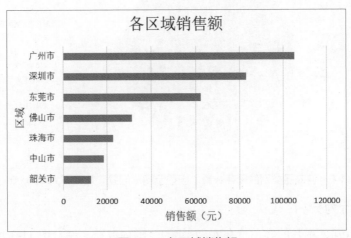

图 11-4　各区域销售额

11.2.4　库存分析

　　由图 11-5 可知，饮料类商品的存销比最低，且其库存数量和销售数量最多。因此在一定程度上说明了饮料类商品属于畅销商品，且库存总数相对合理。糖果甜食和膨化食品类商品的存销比较高，而库存数量和销售数量却相对较少，这说明了库存总数或销售结构不合理，出现这样的原因可能是糖果甜食和膨化食品类商品出现了滞销现象。

　　由图 11-6 可知，饮料类商品的库存数量占比最大，占总库存数量的 62.19%；糖果甜食类商品的库存数量占比最小，仅占总库存数量的 0.14%。结合图 11-3 的分析可知，本月商品库存结构较合理。

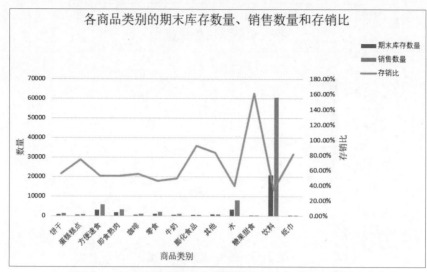

图 11-5　各商品类别的期末库存数量、销售数量和存销比

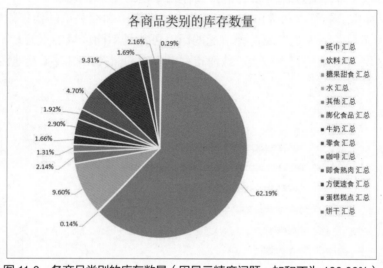

图 11-6　各商品类别的库存数量（因显示精度问题，加和不为 100.00%）

11.2.5　用户行为分析

由图 11-7 可知，本月的客单价在 4～6 元的范围内波动。结合图 11-3 可知，饮料类商品为最畅销的商品，且饮料类商品的价格都相对较低，说明在广东省的大部分用户更偏向于购买价格相对较低的商品。

由图 11-8 可知，42.87% 的用户进行交易的次数为 1～4 次，22.78% 的用户进行交易的次数为 5～8 次，这说明了用户平均在一周内进行交易的次数大部分低于 2 次，用户的流动性较强。出现这种情况的原因可能是广东省本身的人员流动性较强，也可能是新零售智能销售设备投放位置的人员流动性较强。

由图 11-9 可知，用户更加偏好使用微信支付，其次是使用支付宝支付，使用现金支付的用户仅占 0.51%。因此，企业可以联合移动支付（如微信、支付宝等）做一些推广活动。

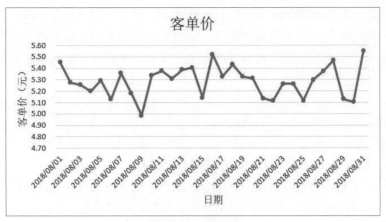

图 11-7 客单价

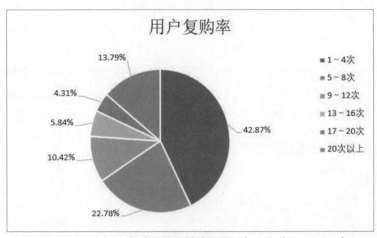

图 11-8 用户复购率（因显示精度问题，加和不为 100.00%）

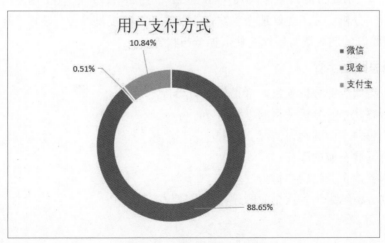

图 11-9 用户支付方式偏好

11.2.6 结论与建议

通过对商品销售情况、库存和用户行为的分析，提出以下结论与建议。

（1）本月商品的毛利率呈现出一定的上升趋势，但上升缓慢，企业的盈利能力还需要进一步提升。同时饮料类商品为畅销商品，企业可以适当增加饮料类商品的投放数量；珠海市、中山市和韶关市的销售额相对较低，企业可以在珠海市、中山市和韶关市人流量比较大的地方增加售货机的数量。

（2）商品的库存结构总体上基本合理，但对于畅销类商品（如饮料），企业要持续关注库存数量，避免出现供不应求的情况，以此提升用户体验和增加用户的黏性；对于销售情况不佳的商品（如糖果甜食和膨化食品等），企业可以适当降低商品的价格或举办一些促销活动，进一步增加商品的销售数量，减小商品的存销比。

（3）本月的客单价整体偏低，企业可以使用举办促销活动的方法促成用户购买单价相对较高的商品，并促成用户一次购买多个商品，从而提高客单价；针对用户复购率较低的问题，企业可以使用商品关联促销的方式来促使用户增加单次购买商品的数量，促进消费，提高销售业绩。

小结

本章主要介绍了数据分析报告的类型、原则和结构，并基于新零售智能销售数据分析项目，撰写了新零售智能销售数据分析报告。其中，新零售智能销售数据分析报告包括背景与目的分析、分析思路、商品销售情况分析、库存分析、用户行为分析，以及结论与建议。

实训　撰写餐饮企业数据分析报告

1. 训练要点

掌握餐饮企业数据分析报告的撰写方法。

2. 需求说明

在第 8、9、10 章的实训中对 2018 年 8 月 22 日到 28 日餐饮企业的销售情况、库存和用户行为进行了分析。为了更好地为餐饮企业的经营策略提供参考与建议，需要根据第 8、9、10 章实训绘制的图表撰写餐饮企业数据分析报告。

3. 实现思路及步骤

（1）分析餐饮企业分析项目的背景与目的。

（2）分析餐饮企业分析项目的思路。

（3）分析餐饮企业的销售情况。

（4）分析餐饮企业的库存。

（5）分析餐饮企业的用户行为。

（6）根据分析结果为餐饮企业的经营提出建议。

课后习题

在第 8、9、10 章的课后习题中对便利店的销售情况、库存和用户行为进行了分析。为了更好地为便利店的经营策略提供参考和指导，需要根据第 8、9、10 章课后习题绘制的图表撰写便利店销售数据分析报告。